읽을수록 빠져드는 교양 생물

교양인이 되고 싶은 모두를 위한 생물 특강

발행일 2024년 10월 1일 초판 1쇄 발행
지은이 이토 히토무
옮긴이 곽범신
발행인 강학경
발행처 시그마북스
마케팅 정제용
에디터 최윤정, 양수진, 최연정
디자인 정민애, 강경희

등록번호 제10-965호
주소 서울특별시 영등포구 양평로 22길 21 선유도코오롱디지털타워 A402호
전자우편 sigmabooks@spress.co.kr
홈페이지 http://www.sigmabooks.co.kr
전화 (02) 2062-5288~9
팩시밀리 (02) 323-4197
ISBN 979-11-6862-289-0 (03470)

OTONA NO KYOYO OMOSHIROI HODO WAKARU SEIBUTSU
©Hitomu Ito 2023
First published in Japan in 2023 by KADOKAWA CORPORATION, Tokyo. Korean translation rights arranged with KADOKAWA CORPORATION, Tokyo through AMO AGENCY.

이 책의 한국어판 저작권은 AMO에이전시를 통해 저작권자와 독점 계약한 시그마북스에 있습니다. 저작권법에 의해 한국 내에서 보호를 받는 저작물이므로 무단 전재와 무단 복제를 금합니다.

파본은 구매하신 서점에서 교환해드립니다.

* 시그마북스는 ㈜시그마프레스의 단행본 브랜드입니다.

시작하며

이제는 건강, 질병, 환경, 식품 등에 관련된 뉴스를 날마다 접하는 시대!

신형 코로나바이러스 팬데믹, 온실가스에 따른 지구온난화, 식량 문제, 암, 생활습관병…… '생물'에 대한 교양을 갖추어두는 것이 중요한 시대로 접어들고 있습니다. 하지만 실제로는 '생물'을 건너뛰고 고등학교를 졸업하는 경우도 있죠.

고등학교 '생물'에서는 면역, 호르몬, 신경 등 자신의 몸에 관련된 기본적인 구조의 이해, 환경 문제나 진화 등에 대한 교양을 배울 수 있지만 현실적으로는 이것들을 접하지 못한 채 사회인이 되는 경우가 대단히 많습니다.

텔레비전이나 인터넷에서는 날마다 질병, 건강, 식품 등에 관한 뉴스가 흘러나오고 있습니다. 신형 코로나바이러스 팬데믹 당시, 텔레비전을 보고, SNS를 보고, 인터넷을 보고, 직장 동료나 친구들과 이야기를 나누면서 '정보를 받아들이는 쪽인 우리는 일정 수준의 지식과 교양을 반드시 갖추어야 한다!'라는 사실을 뼈저리게 느꼈죠.

많은 사람들에게 생물학 교양을!

중요한 점은 흘러넘치는 정보를 정확히 이해, 판단해서 선별하는 것입니다. 많은 분들이 생물학 교양을 갖추고 있다면 흔히 말하는 '유사과학'이나 '사이비 의료'에 속거나 건강을 해치는(최악의 경우 낫는 병인데도 치료할 기회를 놓치는) 경우도 사라지리라 생각됩니다.

저는 이를 위해 필요한 것은 교육이라 생각해 날마다 긍지를 갖고 청년들에게 '생물'을 가르치고 있습니다. 이번에 성인 분들을 대상으로 생물학의 기본 사항을 정리한 책을 세상에 선보일 기회를 얻었습니다. 이 책을 통해 건강이나 의료에 대해 올바른 판단을 내릴 수 있게 되고, 생물학에 조금이나마 흥미를 갖게 되어 행복해지는 사람이 늘어나기를 진심으로 바랍니다.

이 책의 내용과 사용법

이 책은 현재 고등학교 교과서의 내용을 기준으로 삼고 있으므로 '교양치고는 조금 지나치게 자세하지 않나?' 싶은 부분도 있습니다. 머리가 아프다고 생각되는 부분은 휙 넘기더라도 전혀 상관없습니다. 또한 고등학교나 대학에서 생물학을 접하신 분은 '요즘 고등학생은 이런 것까지 배우는구나, 굉장한걸!' 하고 느끼실 것이라 생각합니다. 읽는 법도 자유, 읽는 순서도 자유입니다. 입시 대책을 세우는 자리가 아니므로 '이것도 외워야지!'라는 압박감도 느끼실 필요가 없습니다. 일단은 재미있게 읽어주셨으면 합니다.

마지막으로, 이 책을 쓰는 데 많은 분들의 신세를 졌습니다. ㈜KADOKAWA의 무라모토 유 님을 비롯해 집필에 관여해주신 여러분에게 이 자리를 빌려 감사의 말씀을 드립니다.

이토 히토무

차례

시작하며 006

1장 생물의 특징 011
사람과 벚나무와 대장균의 공통점은?

- 01 생물학의 키워드는 다양성과 공통성 012
- 02 세포의 기본적인 구조를 알아보자 015
- 03 세포의 구조를 본격적으로 알아보자 020
- 04 생물은 어떤 물질로 이루어져 있는가 027
- 05 단백질과 핵산의 구조 033

2장 대사 037
40대를 넘어서면 대사능력이 떨어지기 시작한다!?

- 01 대사의 기본적인 이미지 038
- 02 효소에 대해 045
- 03 호흡과 발효 051
- 04 광합성 060

3장 유전자와 그 작용 067
애당초 '유전자'가 무엇인지 알고 계신가요?

- 01 유전정보와 유전정보의 분배 068
- 02 유전정보의 발현을 본격적으로 알아보자 079
- 03 바이오 테크놀로지 095

4장 생식과 발생 ········ 103
하나의 수정란에서 복잡한 몸을 만들어내는 굉장한 구조

01 생식세포가 만들어지는 과정 ········ 104
02 수정란에서 몸이 만들어지는 과정 ········ 117
03 사람의 몸은 어떻게 만들어질까? ········ 126
04 몸을 만들어내는 구조 ········ 129

5장 생물의 체내 환경 ········ 139
몸 안의 환경은 교묘하게 유지되고 있습니다

01 체액의 작용 ········ 140
02 간과 신장은 중요한 장기 ········ 150
03 체내 환경을 안정적으로 유지하는 방법 ········ 158
04 면역 ~면역력!? 그게 뭔데? ········ 173
05 면역과 의료 ········ 183

6장 식물의 일생과 환경적 반응 ········ 191
식물은 움직일 수 없다! 그렇기에 대단하다!

01 식물의 발아와 성장의 조절 ········ 192
02 식물의 환경적 반응 ~ 꽃을 피우는 구조 ········ 198

7장 동물의 환경적 반응 ········· 203
~신경계에 대해 알아보자
뇌는 우주다! 배울수록 신기한 뇌

- 01 뉴런이란? ········· 204
- 02 눈과 귀에 대해 알아보자 ········· 215
- 03 뇌에 대해 알아보자 ········· 220
- 04 근육과 행동 ········· 223

8장 생물의 진화 ········· 227
'진화'라면 공룡 연구? 아니, 전혀 다릅니다!

- 01 생물 진화의 역사 ········· 228
- 02 진화의 구조 ········· 235
- 03 분자 진화의 중립설! ········· 242
- 04 생물은 어떻게 분류하는 것이 합리적인가 ········· 245
- 05 다양한 생물을 분류하며 소개! ········· 250

9장 생태와 환경 ········· 261
SDGs에서도 중요시되고 있는 환경 보전!

- 01 개체군에 대해 생각해보자 ········· 262
- 02 이종 간의 관계에 대해 생각해보자 ········· 274
- 03 식생에 대해 생각해보자 ········· 283
- 04 생태계란 무엇인가? ········· 296
- 05 물질수지 계산해보기 ········· 304
- 06 환경문제에 대해 생각해보자 ········· 310

마치며 322

# 생물의 특징

사람과 벚나무와 대장균의 공통점은?

'생물 다양성을 지켜야 한다!'

이는 환경문제를 이논할 때의 기본적인 자세이자 대전제입니다. 2021년에는 생물 다양성을 지키기 위한 국제 협력을 도모하고자 HAC(High Ambition Coalition for Nature and People, 자연과 사람을 위한 높은 야망 연합)라는 국제단체가 발족되어, 90개국 이상이 참여하고 있습니다.

더운 지역부터 추운 지역까지 다양한 생태계가 존재하며, 그곳에는 다양한 생물이 있고 각 생물은 균일하지 않은 다양한 유전자를 지닙니다. 이와 같은 생물 다양성을 지키면 생태계는 안정을 찾게 되고, 우리 인류도 생태계로부터의 은혜를 지속적이며 안정적으로 누릴 수 있게 됩니다.

현재 지구에는 수많은 생물들이 살고 있으며 다양성이 존재합니다. 고릴라, 튤립, 송이버섯, 유산균 등…… 여러 다양한 생물이 있지만 생물인 이상 많은 공통점이 있습니다. 이를테면 'DNA를 갖고 있다', '세포로 이루어져 있다' 등이 있죠. 여러 공통점을 가지면서도 생물에게는 다양성이 있다는 점이 흥미로운 부분입니다.

1장에서는 생물의 다양성과 공통성에 주목하며 분자 단위에서 생물에 대해 잠시 짚어보겠습니다. '단백질이란 무엇일까?', 'DNA란 무엇일까' 등, 텔레비전이나 인터넷에서 빈번하게 접하는 생물에 관한 용어를 파악하게 된다면 의료, 건강, 환경문제, 식품 등 생물과 관련된 뉴스를 자신의 교양을 바탕으로 이해해서 합리적인 판단을 내릴 수 있게 될 것입니다.

01 생물학의 키워드는 다양성과 공통성

 지구상에는 다양한 생물이 있습니다!

❶ 생물의 다양성

현재, 지구상에는 약 190만 종의 생물이 확인되어 이름이 붙어 있습니다. 실제로는 발견되지 않은 생물이 많으므로 실제 종의 수는 수천만이 넘을 것이라고도 합니다.

 '종(種)'이란 무엇인지 아시나요?

'종'이란 생물을 분류(←그룹으로 나누는 것)할 때 기본이 되는 단위로, 일반적으로 같은 종끼리는 자손을 남길 수 있습니다.

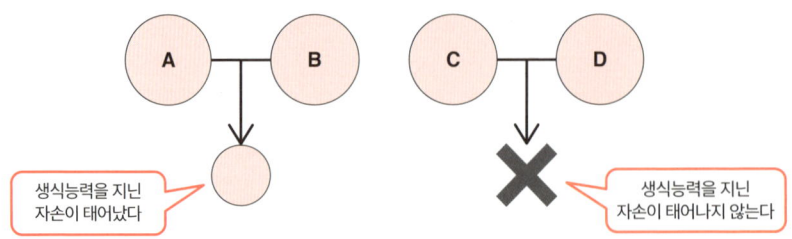

 A와 B는 같은 종, C와 D는 다른 종이겠군요!

❷ 생물의 다양성과 진화

어째서 이렇게나 많은 종이 있는 걸까요?

기나긴 세월에 걸쳐 세대를 거쳐 가는 가운데 생물은 조금씩 변해왔습니다. 이것을 진화라고 합니다! 생물은 진화하는 과정에서 조상에게는 없었던 새로운 형질을 손에 넣으며 다양한 환경으로 삶의 터전을 넓혀왔습니다. 그 결과, 지구상에는 다양한 종이 존재하게 되었습니다.

어떤 종은 육지 생활에 적응하고…… 또 어떤 종은 수중 생활에 적응하는 식으로 말이죠.

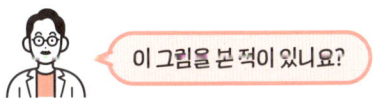
이 그림을 본 적이 있나요?

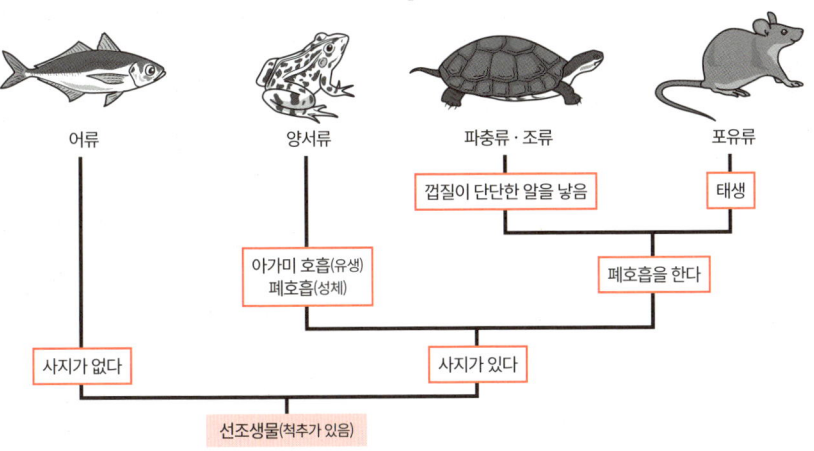

위 그림은 계통수라고 합니다. 생물이 진화해온 길을 계통이라 하는데, 이 계통

을 나무와 같은 그림으로 표현한 것이 바로 계통수입니다. 이해하기 쉽죠. 위의 그림을 보면 우리 포유류에게 파충류는 어류보다 가까운 동물임을 한 눈에 알 수 있습니다!

❸ 생물의 공통성

사람, 벚나무, 대장균의 공통점은 무엇일까요?

생물에게는 다양성이 있다는 사실은 이해하셨을 겁니다. 하지만 생물에게는 공통성이라 해서 어떤 생물에게나 공통되는 여러 특징이 있습니다. 대표적인 특징을 알아보겠습니다!

❶ 세포가 있다.
❷ DNA가 있다.
❸ 대사를 한다.
❹ ATP를 사용한다.
❺ 체내의 상태를 일정하게 유지하는 구조를 갖는다.

자세한 내용은 다음 장에서 설명하겠습니다!

바이러스라는 건 생물인가요?

바이러스는 생물로서의 특징을 일부만 갖고 있기 때문에 일반적으로는 생물로 보지 않습니다. 하지만 '생물과 무생물의 중간적인 존재'라는 독특한 존재로 받아들여지기도 합니다.

02 세포의 기본적인 구조를 알아보자

 원핵생물이란 어떤 생물일까요?

❶ 원핵세포와 진핵세포

세포에는 핵이 없는 원핵세포와 핵을 갖춘 진핵세포가 있습니다. 원핵세포로 이루어진 생물이 원핵생물, 진핵세포로 이루어진 생물이 진핵생물입니다. 원핵세포는 핵이 없을 뿐 아니라 엽록체나 미토콘드리아 등의 세포소기관도 없습니다.

원핵생물의 대표적인 예로는 대장균, 흔들말, 염주말 등의 세균이 있습니다. 흔들말과 염주말은 사이아노박테리아라 불리는 그룹에 속해 있는데, 엽록체는 없지만 광합성을 한답니다!

대장균의 구조는 오른쪽의 그림과 같습니다. DNA는 물론이고 세포벽이나 편모도 갖고 있죠.

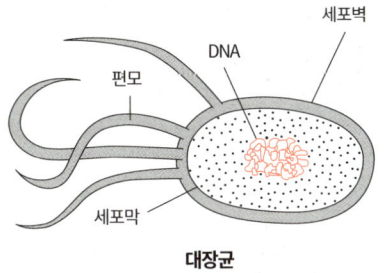

대장균

❷ 진핵세포의 구조

 우선 식물세포와 동물세포의 모식도를 살펴봅시다!

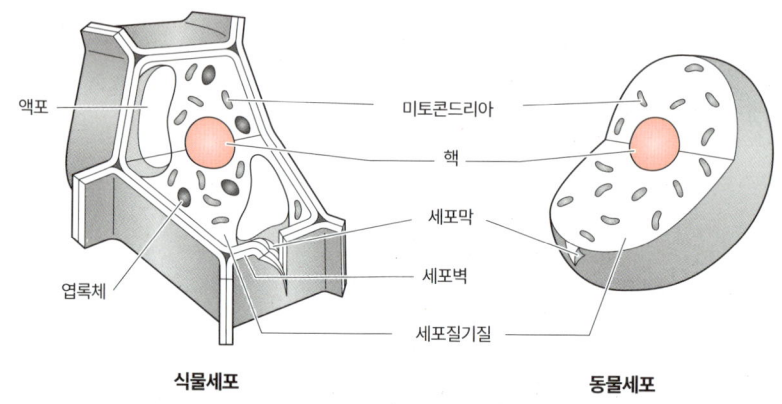

식물세포 　　　　　동물세포

❶ 세포막 · 세포벽

세포는 세포막에 감싸여 있습니다. 이는 원핵세포도 마찬가지죠. 세포막은 두께가 5~10nm 정도로, 세포막을 뚫고 다양한 물질이 세포로 드나듭니다. 참고로 1mm=1000μm(마이크로미터)=1000000nm(나노미터)의 관계입니다.

식물세포나 많은 원핵세포의 경우, 세포막 바깥쪽에 세포벽이 있습니다. 식물세포의 세포벽은 셀룰로스라는 당(탄수화물)이 주성분으로, 세포를 보호하고 세포의 형태를 유지하는 등의 작용을 맡고 있습니다.

 '-ose'는 당(탄수화물)이라는 의미입니다.
셀룰로스, 글루코스, 리보스 등이 있죠.

❷ 핵

진핵세포에는 보통 1개의 핵이 있습니다. 핵 안에는 DNA가 있고, DNA는 단백질과 결합해 염색체의 상태로 존재하고 있습니다. 염색체는 아세트올세인 등으로 염색할 수 있답니다.

❸ 세포질

세포의 핵 이외의 부분을 세포질이라고 합니다! 세포질에는 미토콘드리아 등의 세포소기관이 있으며, 이들의 사이를 세포질기질이라는 액체가 채워주고 있습니다. 세포질기질은 유동성이 있으므로 이 흐름을 타고 세포소기관이 움직이는 모습을 관찰할 수 있습니다. 이러한 현상을 원형질 유동(세포질 유동)이라고 부릅니다.

❹ 미토콘드리아

미토콘드리아는 길이가 1~수µm로, 호흡(⇒p.42)을 통해 유기물을 분해해 에너지를 끄집어내는 작용을 합니다. 사실…… 미토콘드리아는 핵과는 다른 독자적인 DNA가 있습니다! 미토콘드리아와 엽록체는 독자적인 DNA를 갖고 있기 때문에 이들은 과거 사이아노박테리아나 호기성 세균이 진핵생물의 세포에 삼켜지면서 공생하게 된 것으로 생각합니다. 이러한 주장을 공생설이라고 합니다.

❺ 엽록체

엽록체는 지름이 5~10µm의 방추형이나 볼록렌즈 같은 형태를 띠고 있으며 광합성(⇒p.41)을 실시합니다. 엽록소라는 초록색 색소가 있기 때문에 초록색으로 보이는 것이죠. 그리고…… 엽록체에도 독자적인 DNA가 있습니다!

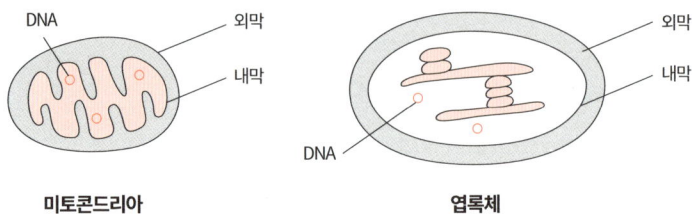

미토콘드리아 　　　　　엽록체

❻ 액포

액포는 액포막으로 감싸인 세포소기관으로, 내부는 세포액이라는 액체로 채워져 있습니다. 세포액에는 당이나 무기염류 등이 포함되어 있으며, 성장한 식물세포의 경우는 특히 커집니다(오른쪽 그림). 식물에 따라서는 안토사이안이라는 빨강·파랑·보라색의 색소가 포함되어 있습니다.

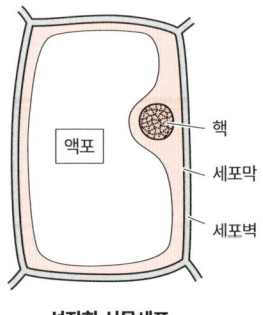

성장한 식물세포

 그러고 보니 사이안(cyan)이라면 파란색이겠네요!

❸ 세포의 구조 정리

 어떤 생물이 어떤 세포소기관을 갖고 있는지 정리해봅시다!

어떤 생물이 어떤 세포소기관을 갖고 있는지 대표적인 생물에 대해 표로 정리해보겠습니다.

우선, 대장균이나 흔들말은 세균으로 원핵생물입니다. 효모는 균류라는 그룹에 속해 있는 곰팡이·버섯의 친척으로, 진핵생물입니다! 짚신벌레나 유글레

나는 진핵생물로, 하나의 세포로 이루어진 단세포 생물로 유명하죠.

	세포막	세포벽	핵	미토콘드리아	엽록체
대장균	○	○	×	×	×
흔들말	○	○	×	×	×
효모	○	○	○	○	×
짚신벌레	○	×	○	○	×
유글레나	○	×	○	○	○
사람	○	×	○	○	×
벚나무	○	○	○	○	○

주: 표 안의 ○는 존재한다, ×는 존재하지 않는다는 뜻입니다.

03 세포의 구조를 본격적으로 알아보자

1 세포의 구조(분자 단위)

세포의 구조에 대해 조금 전까지는 광학현미경으로 관찰할 수 있는 수준에서 알아보았습니다.

핵, 엽록체, 미토콘드리아, 액포……
맞아, **공생설**도 배웠죠!

대단해요♪
지금부터는 세포의 구조를 분자 단위에서 살펴봅시다!!

우선 진핵세포의 구조도를 살펴보도록 합시다!

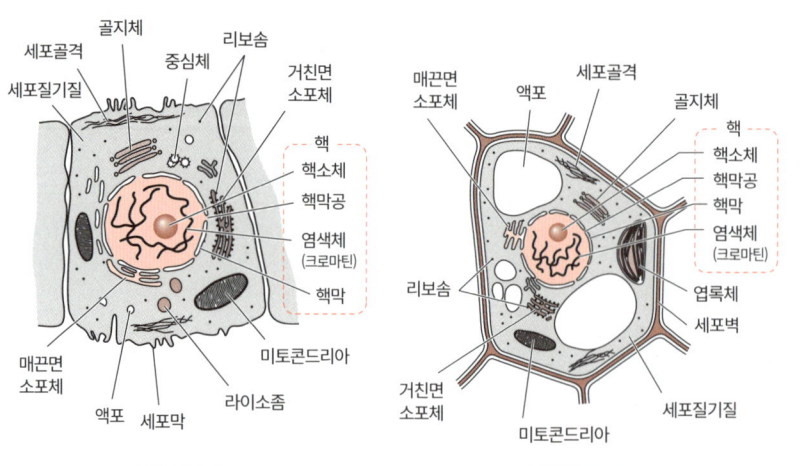

❶ 세포막

진핵세포와 원핵세포 모두 세포막으로 감싸여 있습니다. 인지질과 단백질이 주성분입니다. 미토콘드리아나 골지체 등을 구성하는 막 역시 세포막과 동일한 구조를 띠고 있는데, 이들은 생체막이라고 불립니다. 세포막에 대해서는 25페이지에서 자세히 다루겠습니다!

❷ 핵과 리보솜

핵과 리보솜은 단백질의 합성에 관여하는 구조입니다. 핵은 이중막으로 이루어진 핵막에 감싸여 있으며 내부에 크로마틴(⇒p.92)과 1~몇 개의 핵소체가 있습니다(아래 왼쪽 그림). mRNA(⇒p.80)는 핵막공을 통해 리보솜으로 이동하는데, 이곳에서 mRNA에 전사된 유전정보를 토대로 단백질이 만들어집니다(⇒p.82). 리보솜은 폴리펩타이드(⇒p.31)와 리보솜 RNA(rRNA)로 이루어진 구조입니다(아래 오른쪽 그림).

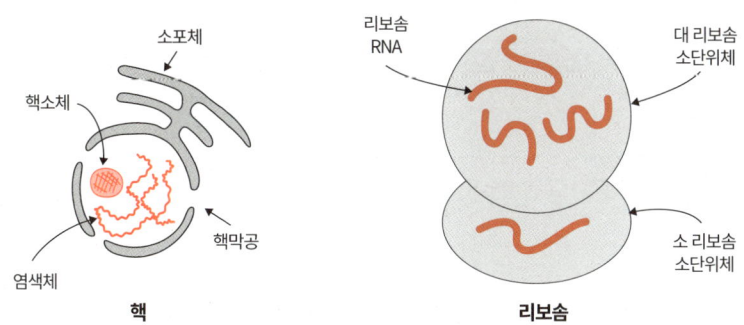

핵 / 리보솜

'ribo-'는 리보스, 즉 RNA를 의미합니다.
RNA가 포함되는 구조이기 때문에 리보솜이죠!

❸ 소포체, 골지체

핵막의 바깥쪽 막을 자세~히 살펴보면……, 소포체라는 막 형태의 구조체와 이어져 있습니다! 소포체에는 리보솜이 부착되어 있는 거친면 소포체와 리보솜이 부착되어 있지 않은 매끈면 소포체가 있습니다. 거친면 소포체의 리보솜에서 합성된 단백질은 소포체 안으로 들어가 소포체 내부를 이동하다 골지체로 보내집니다.

골지체로 보내진 단백질은 당이 부가되는 등의 처리를 받은 후 소포에 감싸여 보내집니다. 이 소포가 세포막으로 보내지면 단백질이 세포 밖으로 분비됩니다(아래 그림). 또한 이 소포가 라이소좀으로 보내지면 단백질이 분해됩니다.

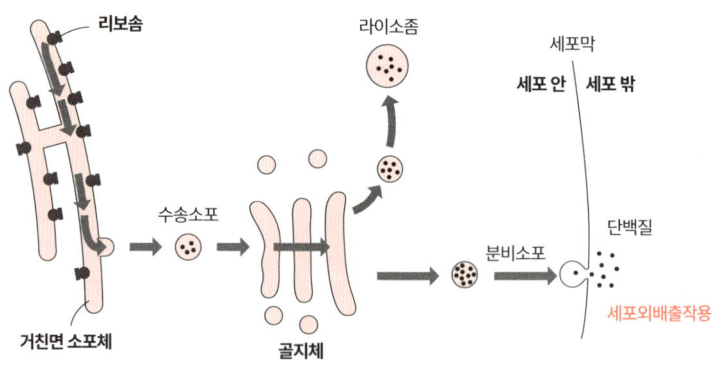

리보솜·소포체의 작용

'ribo-'는 리보스라는 의미였죠. 라이소좀의 '라이소'는 뭔가요?

'lyso-'는 가수분해라는 뜻입니다. 가수분해효소를 많이 포함한 구조이기 때문에 라이소좀!

④ 미토콘드리아

미토콘드리아는 진핵세포에 존재하며 호흡(⇒p.51)에 관여하는 세포소기관입니다. 독립된 이중막에 감싸여 있으며, 매트릭스에는 DNA가 존재하죠.

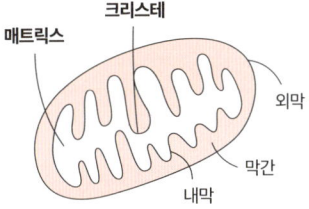

 미토콘드리아를 전자현미경으로 관찰해보면 실 혹은 알갱이처럼 보입니다.

 '미토콘드리아'에도 어원이 있나요?

 'mitos-'는 실 형태라는 뜻, 'khondros'는 알갱이 형태라는 뜻이죠.

⑤ 엽록체

엽록체는 식물이나 조류(藻類)가 지니고 있는데, 광합성(⇒p.60)을 실시해서 빛에너지를 이용해 이산화탄소에서 유기물을 합성합니다. 미토콘드리아와 마찬가지로 독립된 이중막에 감싸여 있으며 DNA를 갖고 있으므로 사이아노박테리아의 공생을 통해 생겨난 것으로 받아들여집니다.

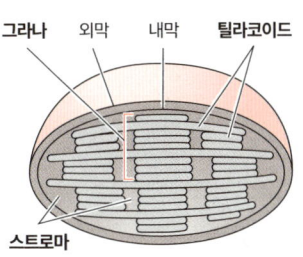

❻ 액포

다음은 액포입니다. 동물세포에도 있지만 잘 발달해 있지 않으며, 식물세포에서 특히 발달해 있습니다. 액포 안의 액체는 세포액이라 불리며 물, 노폐물, 이온, 유기물 외에 안토사이안이라는 색소가 포함되어 있기도 합니다.

❼ 세포벽

모든 세포는 세포막(⇒p.16)으로 감싸여 있지만 식물세포 등의 경우에는 세포막의 바깥쪽에 세포벽을 갖추고 있습니다. 식물의 세포벽은 셀룰로스와 펙틴이 주성분이랍니다! 세포벽은 세포를 보호하거나 세포의 형태를 유지해줍니다.

2 생체막의 구조

그런데, 세포막은 무엇으로 이루어져 있을까요?

네? 막이니까…… 그게…… 무엇으로 이루어져 있을까요?

세포막의 주성분은 지질이에요.
식사를 통해 섭취한 지질이 세포막의 재료가 되는 셈이죠!

❶ 유동 모자이크 모델

세포막 외에 엽록체나 리보솜의 막 등을 모두 포함해 생체막이라고 부릅니다. 생체막은 기본적으로 동일한 구조를 갖고 있는데, 주성분은 인지질이라는 물질입니다. 인지질은 친수성(←물과 친한 성질)인 부분과 소수성(←물과 친하지 않은 성질)인 부분을 지닌 물질로, 아래 그림처럼 소수성 부분을 맞댄 이중층 구조를 띠고 있습니다.

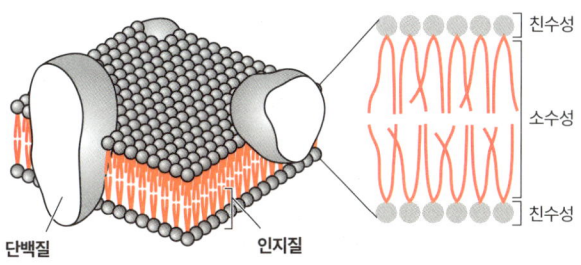

친수성 부분의 '물과 맞닿고 싶다'라는 마음과 소수성 부분의 '물과 맞닿고 싶지 않다'라는 마음을 모두 충족시켜주는 합당한 구조죠.

실제 생체막이 100% 인지질은 아닙니다. 인지질의 이중층에 단백질이 포함되어 있는데, 이 단백질이 세포막 안을 비교적 자유롭게 돌아다니고 있습니다 (위 그림). 이러한 생체막의 구조를 유동 모자이크 모델이라고 부릅니다.

❷ 세포막에서의 수송

세포막에는 통과하기 쉬운 물질과 통과하기 어려운 물질이 있는데, 이 성질을 선택적 투과성이라고 합니다. 인지질 이중층의 투과성에 대해서는 작은 물질일수록 통과하기 쉽고, 물에 잘 녹지 않는(←지질에 잘 녹는) 물질일수록 통과하기 쉽다는 특징이 있습니다.

이온이나 친수성 물질(글루코스, 수크로스 등)은 인지질 이중층을 통과하기 어렵죠.

이온이나 친수성 물질을 통과시켜야 할 경우에는 수송 단백질이 필요해집니다. 수송 단백질에는 **통로**와 **운반체**가 있습니다. 통로는 특정한 이온 등을 통과시키는 관 형태의 단백질로, 조건에 따라 열리고 닫히는 것도 있습니다. Na^+를 **수동수송**(←진한 쪽에서 엷은 쪽으로 이동)시키는 **소듐**(**나트륨**) **통로**, 물을 통과시키는 통로인 **아쿠아포린** 등이 유명하죠.

'aqua'는 물이라는 의미랍니다!

글루코스나 아미노산 등은 운반체에 의해 막을 통과합니다. 글루코스는 글루코스 운반체를 통해 수동수송으로 세포막을 통과합니다.

운반체에는 에너지를 소비해서 **능동수송**(←농도 차이를 극복해 수송하는 방식)이 가능한 것이 있는데, 이를 **펌프**라고 합니다. **소듐**(**나트륨**) **펌프**가 대표적인 사례죠. 세포 안의 ATP를 분해해서 얻어지는 에너지를 이용해 Na^+를 세포 밖으로, K^+를 세포 안으로 능동수송하는 펌프입니다!

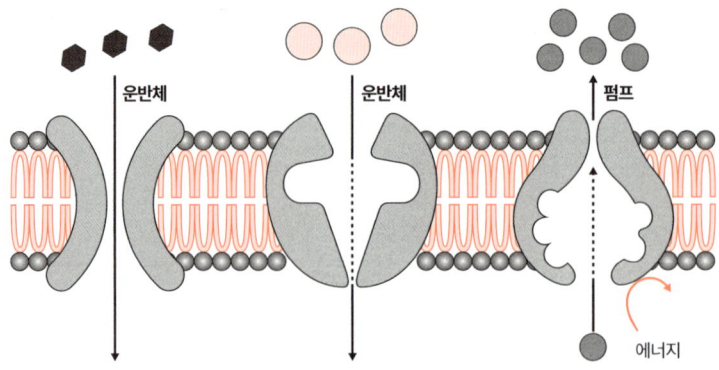

04 생물은 어떤 물질로 이루어져 있는가

1 생물을 구성하는 물질

 좋아하는 음식은 뭔가요? 　　　　　불고기요!

 동물의 세포를 먹는군요!
그렇다면 주로 단백질을 섭취한다는 말이네요!

　　　그렇게 말씀하시니 불고기의 매력이 전혀 전해지지 않아요……

　세포에는 어떤 물질이 포함되어 있을까요? 가장 많이 포함된 물질이 물이라는 사실은 직감적으로도 알고 계실 겁니다. 그렇다면 물 다음으로 많은 물질은 무엇일까요?

　다음 페이지 그래프에서 알 수 있듯이, 일반적으로 물 다음으로 많은 물질은 동물세포의 경우 **단백질**, 식물세포의 경우 **탄수화물**입니다. 고기나 생선은 '단백질'이라는 이미지가 있습니다. 식물세포에는 탄수화물인 **셀룰로스**를 주성분으로 삼는 **세포벽**이 있거나 세포 안에 전분 등을 비축한다는 점 등에서 탄수화물이 많다는 이미지가 있죠.

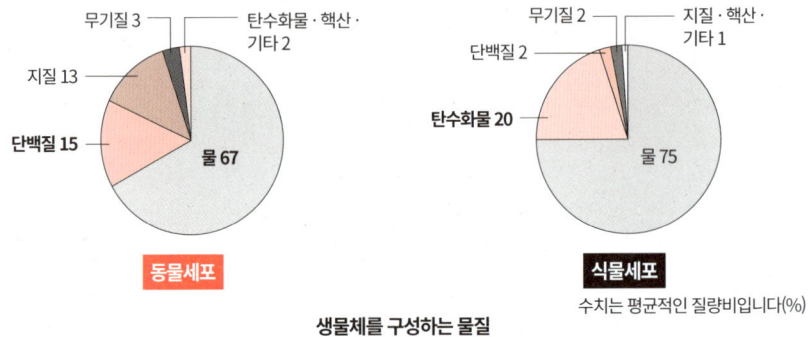

생물체를 구성하는 물질

❶ 물

물은 다양한 물질을 녹일 수 있습니다. 물에 녹은 물질끼리, 혹은 물질과 효소가 만나면 화학반응이 일어나므로, '물은 화학반응의 장으로서 작용한다'고 일컬어집니다. 또한 물은 비열이 크기(←온도가 잘 변하지 않음) 때문에 세포의 온도를 일정하게 유지해주는 역할도 맡고 있습니다.

❷ 단백질

단백질은 다수의 아미노산이 사슬 형태로 이어져서 복잡한 입체 구조를 띤 물질입니다. 효소, 항체, 호르몬 등의 주성분으로 매우 중요한 역할을 맡고 있습니다. 단백질의 구조나 성질에 대해서는 다음에 알아보도록 하겠습니다.

❸ 탄수화물

탄수화물은 세포에서 에너지원으로 사용됩니다. 또한 탄수화물의 일종인 셀룰로스는 식물세포에서 세포벽의 주성분(⇒p.16)입니다. 따라서 식물세포의 경우에는 탄수화물이 많은 것이죠! 가장 단순한 탄수화물은 단당으로, 글루코스나 프룩토스 등이 있습니다. 단당이 2개 이어진 것이 **이당**으로, 수크로스나 말토스, 락토스 등이 있습니다. **다당**은 단당 여러 개가 이어진 것으로, 셀룰로스나 전분, **글리코겐** 등이 있습니다.

'-ose'는 탄수화물(=당)이라는 의미예요!
글루코스, 셀룰로스, 리보스, 프룩토스……

④ 핵산

핵산에는 **DNA**와 **RNA**가 있으며, 모두 **뉴클레오타이드**라는 기본 단위가 이어진 물질입니다. 여기에 대해서는 33~35페이지에서 자세히 다루어보도록 하죠!

② 단백질

좋아하는 음식은 뭔가요?

달걀 흰자요!

정말인가요? 단백질의 어원이 바로 난백(달걀 흰자)인데요.
난백의 주성분은 **알부민**!
알부민의 어원은 난백(=albumen)이고……후후후……

선생님, 혼잣말이 너무 많으세요.

단백질은 아미노산이라는 물질이 사슬 형태로 이어진 물질입니다. 우선 아미노산이 무엇인지에 대해 알아보도록 합시다!

아미노산(다음 페이지 위 그림)은 탄소 원자에 **아미노기**($-NH_2$)와 **카복실기**($-COOH$)가 결합하고 나머지 한 곳에 **곁사슬**이라는 원자단이 결합해 있습니다(곁사슬은 $-R$로 표기합니다). 자연계에는 수많은 종류의 아미노산이 존재하지만 단백질의 합성에 사용되는 아미노산은 단 20종류뿐이랍니다!

메티오닌과 시스테인이라는 아미노산은 곁사슬에 황 원자(S)가 포함되어 있습니다!

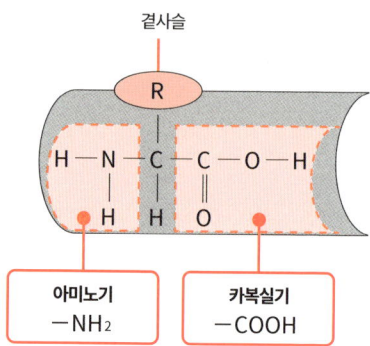

❶ 단백질의 1차 구조

아미노산끼리는 한쪽 아미노산의 카복실기와 나머지 아미노산의 아미노기에서 물 분자가 떨어져 나와 결합합니다. 이 결합을 펩타이드 결합이라고 합니다(오른쪽 그림).

다수의 아미노산이 펩타이드 결합으로 이어진 것을 폴리펩타이드라고 합니다(아래 그림). 폴리펩타이드에서 아미노산이 이어진 순서를 1차 구조라고 하죠.

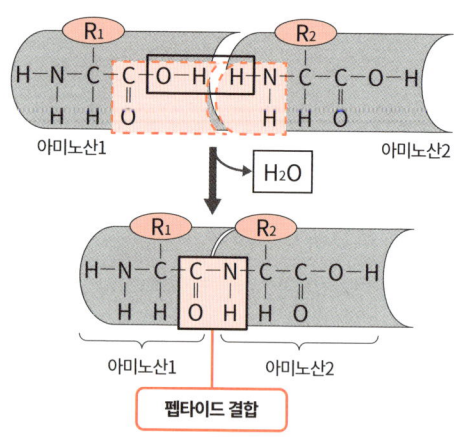

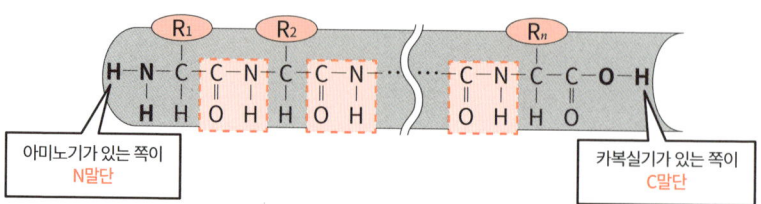

030 • 1장 생물의 특징

❷ 단백질의 입체구조

단백질을 자세히~ 들여다보면 폴리펩타이드는 부분적으로 규칙적인 입체구조를 띠고 있습니다. 이처럼 부분적으로 규칙적인 입체구조를 **2차 구조**라고 부릅니다. 주된 2차구조로는 나선 형태인 **α(알파) 나선구조**, 병풍처럼 지그재그 형태인 **β(베타) 병풍구조**가 있습니다.

2차 구조를 지닌 폴리펩타이드는 한층 더 접혀서 복잡한 입체 구조를 이룹니다. 이 분자 전체의 입체 구조를 **3차 구조**라고 합니다(위 그림).

그리고…… 단백질 중에는 복수의 폴리펩타이드가 응집된 것이 있는데, 이러한 구조를 **4차 구조**라고 합니다.

 4차 구조를 갖는 단백질로는 헤모글로빈, 콜라겐, 항체 등이 있죠.

❸ 단백질의 변성과 활성 상실

단백질은 전체적으로 매우 복잡한 입체 구조를 갖는 분자입니다. 그리고 입체 구조가 올바르게 만들어지지 않았거나 입체 구조가 망가졌다간 단백질은 작용하지 않게 되죠.

일반적으로 60℃를 넘는 온도가 되면 단백질은 입체구조가 변해(←이것을 **변성**이라고 합니다) 작용하지 않게 됩니다(←이것을 **활성 상실**이라고 합니다).

달걀 흰자를 가열하면 하얗게 굳는 것도 단백질의 변성이랍니다.

또한 pH가 극단적으로 변했을 경우에도 단백질은 변성되고 맙니다.

❹ 샤페론

단백질의 입체 구조를 만들기란 보통 일이 아닙니다! 내버려둔다고 알아서 만들어지는 것이 아니죠. 사실은 **샤페론**이라는 단백질이 입체 구조를 만드는 데 보조적인 역할을 하는데, 그 덕분에 제대로 된 입체 구조가 만들어지는 것이랍니다. 샤페론은 보조 이외에도 변성된 단백질을 본래의 올바른 입체 구조로 되돌리는 역할도 하는, 무척이나 중요한 단백질이랍니다!

05 단백질과 핵산의 구조

 DNA는 데옥시리보핵산!

핵산은 산(酸)이니까 acid(산)의 'A'겠군요?

어원의 세계에 잘 오셨습니다♪ '핵'은 영어로?

핵이라…… 원자핵과 마찬가지로 nucleus니까 'N'이겠네요.

❶ 뉴클레오타이드

바로 맞혔어요! **DNA**는 <u>d</u>eoxyrib<u>o</u>nucleic <u>a</u>cid, 우리말로 **데옥시리보핵산**입니다. 핵산은 뉴클레오타이드라고 불리는 기본 단위가 여러 개 이어진 물질로, DNA 외에 **RNA**(<u>r</u>ib<u>o</u>nucleic <u>a</u>cid, **리보핵산**)가 있습니다.

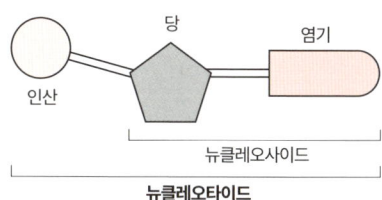

핵산을 구성하는 뉴클레오타이드는 위 그림처럼 당과 염기가 결합된 뉴클

레오사이드에 인산이 하나 결합된 것입니다. DNA는 데옥시리보스라는 당과 A·T·G·C 중 하나의 염기를 갖고 있습니다. RNA의 당은 리보스로, 염기는 A·U·G·C 중 하나를 갖고 있죠(아래 그림).

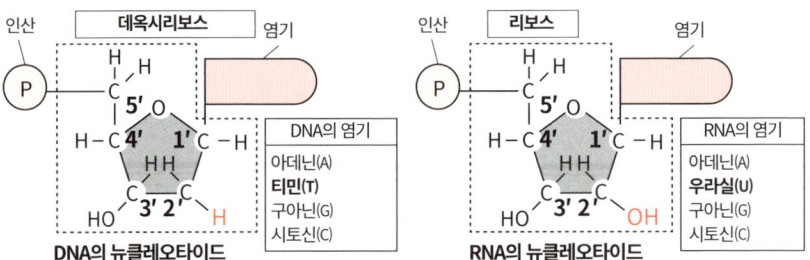

 de-는 '제거', oxy는 '산소'입니다.
데옥시리보스는 리보스에서 산소 원자 하나를 제거한 것입니다!

❷ DNA의 구조

DNA의 염기 간 결합은 A와 T, G와 C로 정해져 있으며, A와 T는 2개, G와 C는 3개의 수소 결합을 형성해 결합됩니다! 따라서 한쪽 사슬의 염기 서열을 알게 되면 나머지 한 쪽의 염기 서열도 자동적으로 정해지게 되죠. 이러한 관계를 '상보성'이라고 합니다.

뉴클레오타이드 사슬은 뉴클레오타이드가 이어진 물질로, 인산과 당이 교대로 연결되어 있습니다. 뉴클레오타이드 사슬에서 인산으로 끝나는 말단을 5' 말단, 당으로 끝나는 반대쪽의 말단을 3' 말단이라고 합니다.

뉴클레오타이드 사슬끼리는 염기 간 수소 결합으로 결합되어 있는데, 이때 두 사슬은 역방향이 됩니다(오른쪽 페이지 왼쪽 그림).

그리고 DNA의 경우, 결합된 두 사슬은 서로와 나선 형태로 얽혀 있습니다 (아래 오른쪽 그림). 이 구조를 이중나선구조라고 하는데, DNA가 이와 같은 이중나선구조를 따른다는 사실을 발표한 사람이 바로 왓슨과 크릭이죠.

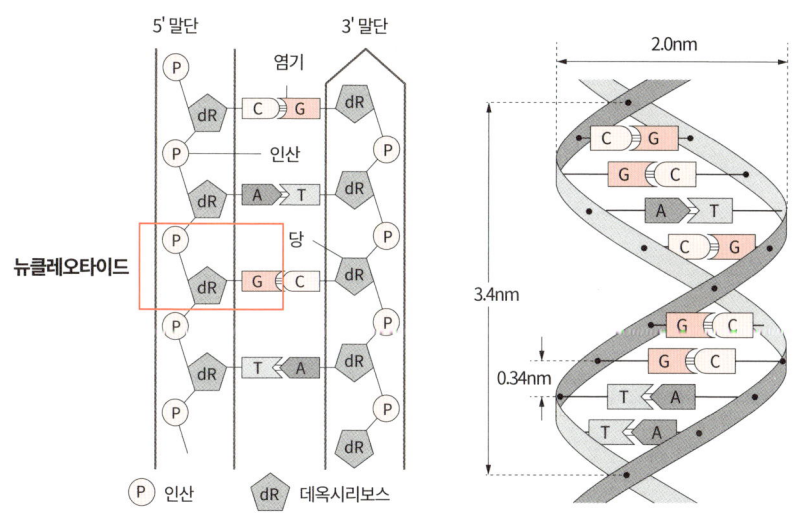

❸ RNA

RNA는 보통 1개의 뉴클레오타이드 사슬입니다. RNA에는 다양한 종류가 있는데, mRNA(메신저 RNA) 외에 리보솜을 구성하는 rRNA(리보솜 RNA), 리보솜으로 아미노산을 운반하는 tRNA(전달 RNA) 등이 있습니다.

대사

40대를 넘어서면 대사능력이 떨어지기 시작한다!?

'대사'라는 말을 일상생활에서 접할 상황이라면 보통은 건강검진 때가 아닐까요? "아이고, 대사능력이 떨어져서 뱃살이……" 하고 말이죠.

애당초 대사는 생물이 실시하는 화학반응을 의미합니다. 이를테면 식물이 행하는 광합성 역시 대사죠. 사람이 세포에서 행하는 호흡도 대사이고, 요구르트를 만들 때 유산균이 행하는 유산발효 역시 대사입니다!

그런데 생물의 세포 내부는 당연히 상온·상압입니다. 200°C나 100기압이었다간 죽어버릴 테니까요. 생물은 화학반응이 일어나기 어려운 상온·상압이라는 환경에서 복잡한 대사를 질서 정연하고 원활하게 진행시키는 셈입니다. 굉장하죠!

그 이유 중 하나가 바로 대사의 대부분은 효소라는 촉매가 진행한다는 사실입니다. '효소'라는 말도 자주 접해보셨겠죠. 효소는 단백질로 이루어진 촉매입니다. 예를 들어, 효소가 첨가된 세탁 세제는 옷에 묻은 단백질이나 지방을 효소로 분해해서 말끔하게 세탁해주죠. 아무래도 효소란 녀석은 굉장한 능력을 갖고 있는 모양입니다.

2장에서는 효소의 굉장함에 대해 알아보며 구체적으로 대사에 대해 살펴보도록 하겠습니다. 화학스럽고 복잡한 내용도 포함되어 있지만 전체적인 분위기만 대충 파악해두신다면 어른의 교양으로는 충분하지 않을까요. 그와 동시에 '요즘 고등학생은 이렇게 어려운 내용을 배우는구나!' 하고 감탄하게 되실 겁니다.

01 대사의 기본적인 이미지

❶ 대사와 에너지 수지

생물이 행하는 화학반응 전반을 대사라고 합니다. 대사 중에서 복잡한 물질을 단순한 물질로 분해해 에너지를 얻는 과정을 이화, 그와는 반대로 에너지를 사용해 단순한 물질에서 복잡한 물질을 합성하는 과정을 동화라고 합니다. 모든 생물은 이화와 동화를 모두 행합니다. 호흡은 이화의 대표적인 사례이며 광합성은 동화의 대표적인 사례랍니다.

'이화와 동화', 꼭 외우라고!

이화와 동화의 이미지는 다음의 그림과 같습니다.

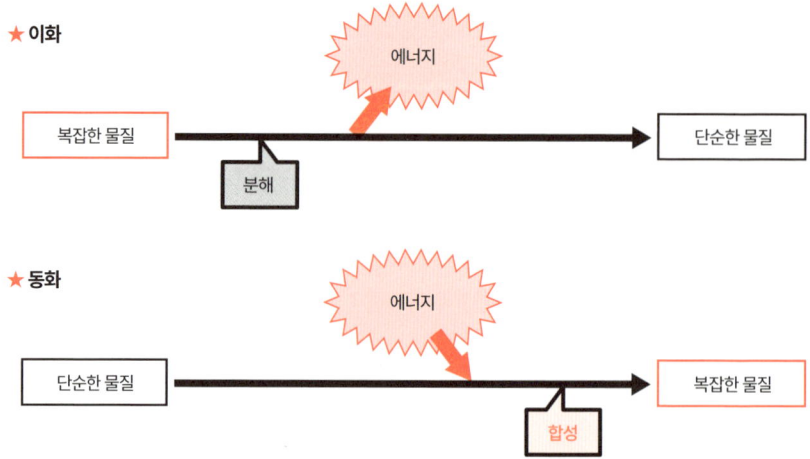

광합성을 하는 식물이나 사이아노박테리아처럼 외부로부터 받아들인 무기물에서 유기물을 합성해 생활하는 생물을 **독립영양생물**이라고 합니다. 이와는 반대로 동물이나 균류처럼 무기물만으로는 유기물을 만들어내지 못하는 생물을 **종속영양생물**이라고 합니다. 이러한 생물은 먹을 것으로 유기물을 섭취할 수밖에 없죠.

❷ ATP

ATP는 **아데노신 3인산**이라는 물질입니다. 모든 생물의 대사에 동반하는 에너지 주고받음을 바로 ATP가 담당하고 있죠!

 앞으로 '광합성'과 '호흡'을 배워나가는 과정에서 ATP가 에너지 주고받음을 어떻게 중개하는지 파악할 수 있습니다!

　ATP는 **염기**의 일종인 **아데닌**과 **리보스**가 결합한 **아데노신**에 3개의 인산이 결합한 화합물입니다.

 어미에 '-ose'가 붙으니까 리보스는 당이겠군요!

　인산끼리의 결합은 **고에너지 인산 결합**이라 불리는데, 끊어질 때 대량의 에너지가 '확' 하고 뿜어져 나옵니다. 생물은 ATP 말단의 인산이 떨어져 나와 ADP(아데노신 2인산)이 될 때 방출되는 에너지를 다양한 생명활동에 사용합니다! 다음 페이지 그림에서도 알 수 있듯이 ATP는 일회용 물질이 아닙니다! 에너지를 흡수해 ADP와 인산에서 ATP를 다시 합성할 수 있죠. 충전식 건전지 같은 느낌입니다.

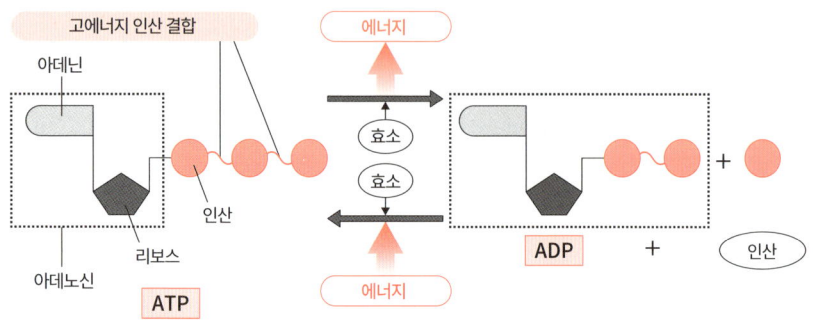

> ATP처럼 염기, 당, 인산이 결합한 물질을 뉴클레오타이드라고 합니다. ATP의 당은 리보스니까…… RNA와 동일하네요.

❸ 대사와 효소

 대사가 원활하게 진행될 수 있는 건 효소 덕분이죠 ♥

효소는 주로 단백질로 이루어져 있으며, 촉매로서 작용합니다. 촉매란 화학반응를 더 빠르게 일어나게 해주는 물질을 가리키죠.

과산화수소(H_2O_2)를 녹인 용액(←옥시돌)을 실내에 방치하면 아~주 천천히 분해되는데, 상처 부위에 바르면 힘차게 거품이 일어납니다. 이는 세포 안에 있는 카탈레이스라는 효소 덕분입니다!

> 그러고 보니 중학생 때 이산화망가니즈를 써서 과산화수소수에서 산소를 발생시키는 실험을 한 것 같은데…….

맞아요! 그것과 똑같은 '$2H_2O_2 \rightarrow 2H_2O + O_2$'라는 반응이에요. 그러니 상처 부위에서 생겨난 거품은 산소가 되겠죠. 사실 과산화수소는 위험한 물질로, 세포 안에서는 '카탈레이스 덕분에 분해되니까 안심♥'이랍니다.

효소 중에는 <u>소화 효소</u>나 <u>라이소자임</u>(⇒p.175)처럼 세포 밖으로 분비되어 작용하는 종류도 있지만 대부분은 세포 안에서 작용합니다. 호흡과 관련된 효소는 미토콘드리아에, 광합성과 관련된 효소는 엽록체에……. 이처럼 효소는 세포 내부의 정해진 위치에 존재한답니다.

 실제로 효소가 작용하는 모습은 이런 느낌이에요!

일반적으로 대사에서는 여러 단계의 반응이 연속적으로 일어납니다. <u>효소는 촉매가 될 수 있는 반응이 정해져 있으므로 일련의 각 반응에는 각자 다른 효소가 관여하게 됩니다</u>. 예를 들어, 아래 그림과 같은 4단계 반응이 있다고 가정할 경우, 모두 네 종류의 효소가 필요해지겠죠.

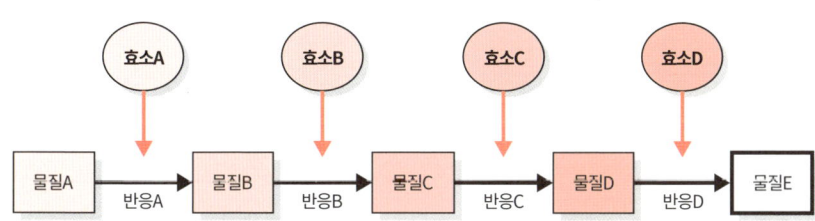

❹ 광합성

 '광합성'이라 하면 어떤 이미지인가요?

'빛을 사용한다', '산소를 내보낸다'……, '저는 광합성을 하지 못합니다'.

<u>광합성</u>이란 '빛 에너지를 이용해 ATP를 만들어내고, 그 ATP를 이용해서 이산화탄소로부터 유기물을 합성하는 것'이라는 느낌입니다. 진핵생물인 조류나 식물의 경우, 광합성은 엽록체에서 일어나고 있죠. 그림으로 나타내면 아래와 같습니다. 빛 에너지에서 ATP를 만들어내는 부분이 포인트죠!

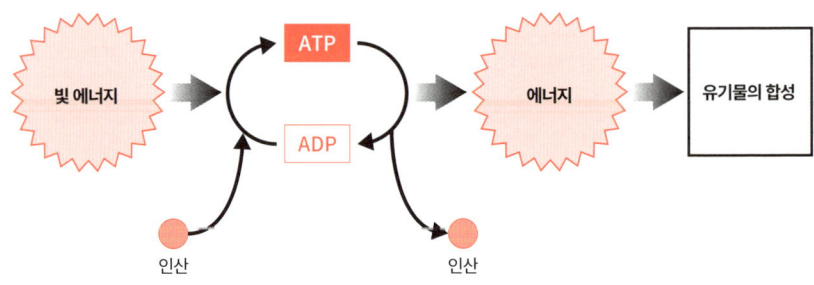

식으로 정리하면 이런 느낌!

물 + 이산화탄소 + 빛 에너지 → 유기물 + 산소

❺ 호흡

 다음으로 '호흡'이라 하면 어떤 이미지가 떠오르죠?

습~하~ 습~하~ 심호흡하는 이미지요!

확실히 보통은 '호흡'이라 하면 그런 이미지가 떠오르겠네요. 그 습~하~ 습~하~라는 건 세포에서 일어나는 호흡의 결과라고 할 수 있습니다. 여기서 배워 볼 내용은 세포에서 일어나는 호흡이랍니다.

호흡은 세포 안에서 글루코스 등의 탄수화물, 단백질, 지방 등의 유기물을 산소를 이용해 분해하고, 방출되는 에너지를 이용해 ATP를 만들어내는 작용입니다. 그야말로 이화 그 자체죠. 호흡에서 중요한 역할을 맡는 세포소기관은······?

바로 맞혔어요! 그림으로 나타내면 아래와 같은 이미지입니다.

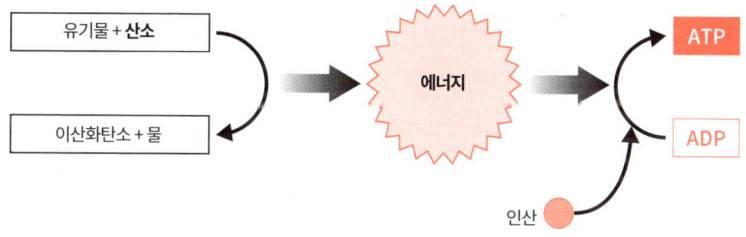

식으로 나타내면 이런 느낌!

유기물 + 산소 → 이산화탄소 + 물 + 에너지(ATP)

이 식을 보면 중학교에서 배운 연소의 반응식과 비슷하지 않나요? 확실히 식만 놓고 보면 연소와 똑같은데······. 연소의 경우는 반응이 급격하게 일어나며, 방출된 에너지의 대부분이 열이나 빛으로 변해버립니다. 한편으로 호흡은 산소에 의해 여러 단계의 반응이 조금씩 조금씩 진행되고, 방출된 에너지는 ATP의 합성에 사용하죠.

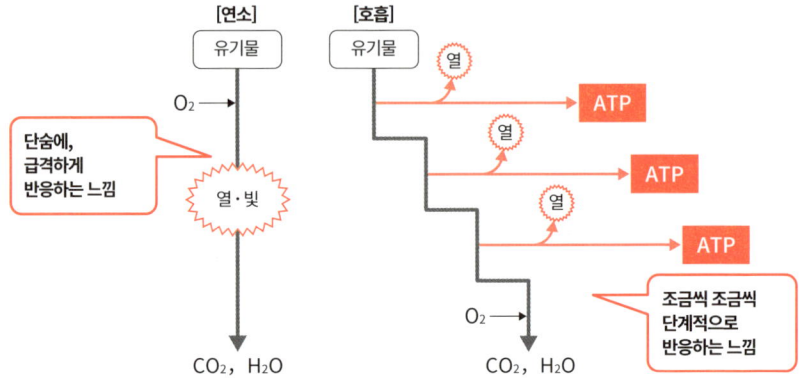

02 효소에 대해

효소의 주성분은 단백질입니다.

효소는 먹을 수 있나요?

효소는 단백질이기 때문에 기본적으로는 분해되어 아미노산으로 흡수되죠.

그러고 보니 식물의 효소 같은 게 그대로 몸 안에 들어가서 작용한다면 무섭겠네요.

❶ 효소의 기질 특이성

효소는 단백질로 이루어진 촉매로, 화학반응의 속도를 한층 높여줍니다. 효소가 작용하는 물질을 기질이라고 하죠. 효소에는 활성 부위라는 부분이 있는데, 여기에 기질을 특이적으로 결합시키면 효소-기질 복합체가 되어 기질에 작용합니다. 활성 부위의 구조는 매우 복잡하기 때문에 효소마다 정해진 기질밖에는 결합될 수 없습니다. 따라서 효소가 작용하는 물질은 정해져 있는데, 이러한 성질을 기질 특이성이라고 부릅니다.

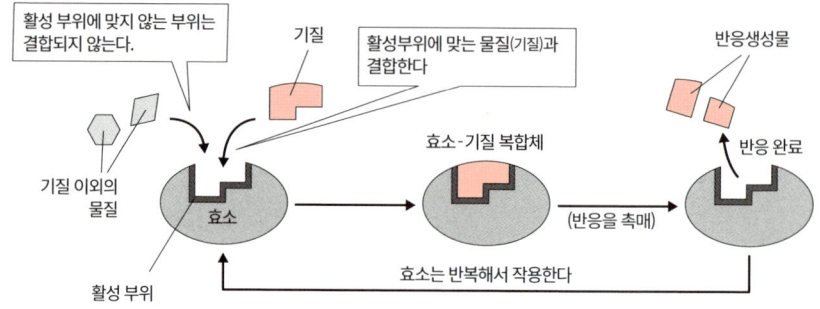

우선 네 종류의 효소를 소개하겠습니다!

❶ **카탈레이스**: '$2H_2O_2 \rightarrow 2H_2O+O_2$'의 반응을 촉매한다.
❷ **아밀레이스**: '전분의 가수분해'를 촉매한다.
❸ **펩신**: '단백질의 가수분해'를 촉매한다.
❹ **트립신**: '단백질의 가수분해'를 촉매한다.

이들은 모두 우리 인간이 갖고 있는 효소로, 체온에 가까운 37℃의 온도에서 가장 활발하게 작용합니다. 또한 효소는 가장 활동하기 좋은 pH가 정해져 있습

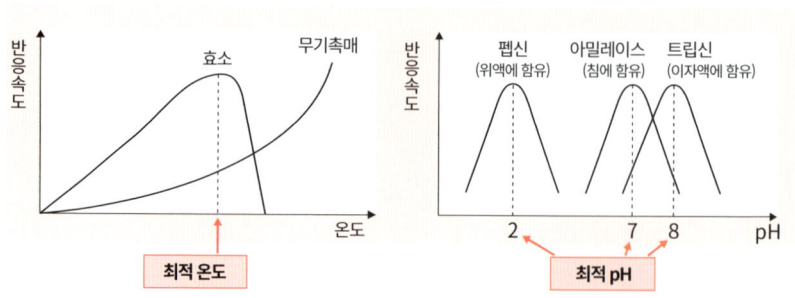

니다. 카탈레이스나 침에 함유된 아밀레이스는 중성인 pH7, 위액(←염산이 함유되어 있습니다)에 함유된 펩신은 강산성인 pH2, 이자액(←탄산수소 이온이 함유되어 있습니다)에 함유된 트립신은 약염기성인 pH8이 가장 적합한 pH입니다.

❷ 반응 속도와 기질 농도

반응 속도와 기질 농도 사이에는 아래 그림과 같은 관계가 있습니다. 기질 농도가 낮을 때는 기질 농도가 높아짐에 따라 효소와 기질이 만나기 쉬워져서 반응 속도가 빨라집니다. 하지만 기질 농도가 충분히 높아져서 모든 효소가 기질과 결합해 포화상태가 되면 기질 농도를 더 높이더라도 반응 속도는 더 이상 빨라지지 않습니다. 또한 사용하는 효소의 양을 절반으로 줄이고 반응 속도를 측정해보면 반응 속도는 점선과 같이 기질 농도와 무관하게 절반으로 줄어들게 됩니다.

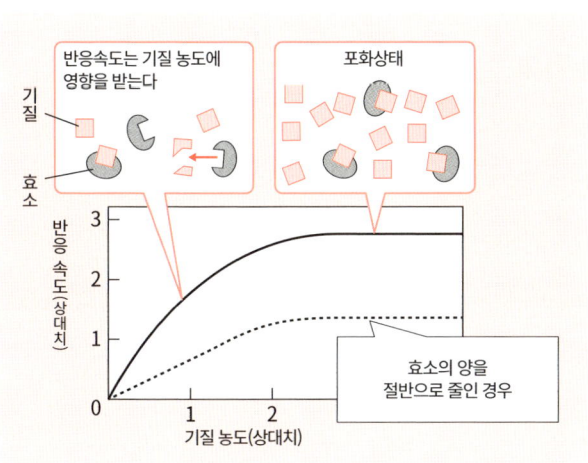

③ 보조 인자

효소 중에는 '자기 혼자서는 작용할 수 없는 녀석'이 있습니다. 이러한 효소에는 보조 인자라 해서 효소의 작용을 돕는 물질이 필요합니다. 보조 인자로는 금속 이온이나 조효소가 있습니다.

조효소는 저분자 유기물로, 효소 본체의 단백질과 약하게 결합되어 있습니다. 보조 인자가 필요한 효소는 아포 효소라고 불립니다. 또한 조효소는 비교적 열에 강한 성질을 지닙니다. 조효소는 오른쪽의 그림처럼 활성 부위에 결합해, 기질이 활성 부위에 잘 결합될 수 있도록 도와주는 느낌이랍니다!

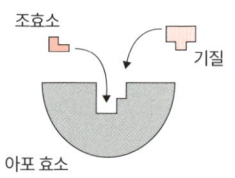

효소는 영어로 enzyme, 조효소는 coenzyme! 'co-'에는 함께한다는 이미지가 있습니다.

④ 경쟁적 저해

효소 반응에서 기질과 무척 비슷한 입체 구조를 지닌 물질이 존재하면 효소 반응이 방해를 받게 되는 경우가 있습니다. 기질과 무척 비슷한 물질이 활성 부위에 끼워지고 마는 셈이죠. 기질과 활성 부위를 두고 다투는 관계이기 때문에 이처럼 효소 활성이 저해되는 경우를 경쟁적 저해, 경쟁적 저해를 일으키는 물질을 경쟁적 저해제(경쟁적 저해물질)라고 부릅니다.

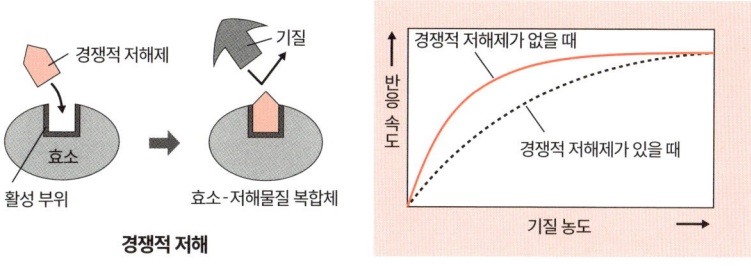

경쟁적 저해

　경쟁적 저해제가 있을 때와 경쟁적 저해제가 없을 때의 반응 속도를 비교한 그래프가 바로 위 오른쪽 그림입니다. 기질 농도를 엄청나게 높이면 경쟁적 저해제의 영향력이 사라지는 부분이 핵심! 기질 쪽이 압도적으로 많아지면 경쟁적 저해제가 활성 부위에 거의 결합할 수 없어지기 때문이죠 ♪

❺ 알로스테릭 효소

효소 중에는 활성 부위와는 다른 부위에 특정한 조절 물질이 결합되면서 활성이 변하는 효소가 있는데, 이를 **알로스테릭 효소**라고 합니다. 알로스테릭 효소의 조절 물질이 결합된 부위는 **알로스테릭 부위**라고 하죠. 알로스테릭 효소의 조절 물질에는 효소 활성을 높이는 것과 저하시키는 것이 있습니다.

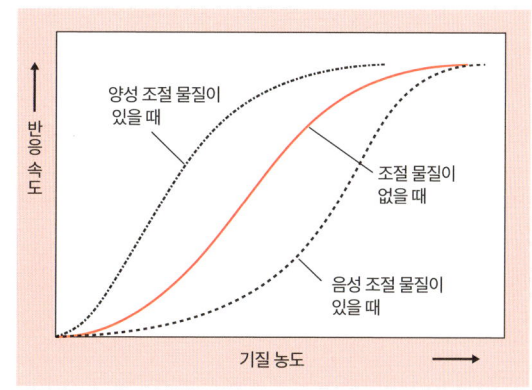

알로스테릭 효소의 기질 농도와 반응 속도의 관계는 앞 페이지 그림처럼 S자 형태의 그래프가 되는 경우가 많습니다.

❻ 피드백 조절

효소에 따른 반응은 '물질A→물질B'와 같은 단순한 반응이 아니라, 아래의 그림과 같이 효소A에 의한 생성물이 다음 효소B의 기질이 되고, 그 생성물이 다음 효소의 기질이 되는 연쇄적인 반응을 여러 효소가 힘을 합쳐서 진행해나가는 경우가 많습니다!

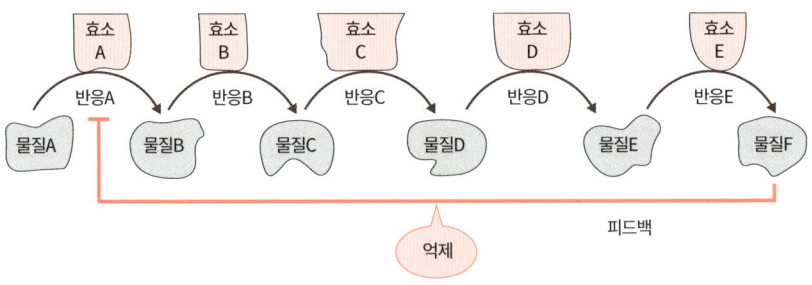

위 그림을 통해 생각해봅시다! 물질F는 이 일련의 반응에서 최종적으로 생겨나는 물질입니다. 이 물질F가 계속 만들어져서 축적되면…… 효소A 등이 관여한 전반부에서 일어나는 반응의 효소 작용을 물질F가 억제하게 됩니다. 이러한 조절을 피드백 조절이라고 합니다. **피드백 조절**에 의해 활성이 조절되는 효소는 알로스테릭 효소인 경우가 많답니다.

03 호흡과 발효

발효는 인류에게서 빼놓을 수 없죠!

치즈, 된장!

간장, 요거트…… 그리고 무엇보다 술이 있죠♥

그 구조를 알아보는 거군요♪

❶ 호흡

호흡에는 산소가 필요합니다. 산소를 사용해 글루코스 등의 유기물을 이산화탄소와 물로 분해하는 과정에서 ATP를 만들어냅니다. 산소를 사용한다는 점이 연소 반응과 닮았죠(⇒p.44).

호흡 반응은 크게 나누면 해당계, 시트르산 회로, 전자전달계라는 세 가지 과정으로 이루어집니다. 해당계는 세포질기질에서, 시트르산 회로와 전자전달계는 미토콘드리아에서 실시됩니다.

❷ 발효

발효는 산소를 사용하지 않습니다. 발효에서는 산소를 사용하지 않고 유기물을 분해해 ATP를 합성한답니다! 반응은 모두 세포질기질에서 실시되죠!

유산균은 글루코스($C_6H_{12}O_6$)를 **젖산**($C_3H_6O_3$)으로 분해하는 과정에서 ATP를 합성합니다. 이 반응을 **젖산 발효**(⇒p.53)라고 합니다. 이 발효를 이용해 요거트를 만들거나 장아찌를 담그는 것이죠.

젖산 발효의 반응식

$$C_6H_{12}O_6 \rightarrow 2C_3H_6O_3 \ (+ \ 2ATP)$$
글루코스   젖산   에너지

효모는 글루코스를 **에탄올**(C_2H_5OH)과 이산화탄소로 분해하는 과정에서 ATP를 합성합니다. 이 반응을 **에탄올 발효**라고 합니다. 이 발효를 이용해 술을 담그거나 여기서 발생하는 이산화탄소로 빵을 부풀리기도 하죠!

에탄올 발효의 반응식

$$C_6H_{12}O_6 \rightarrow 2CO_2 + 2C_2H_5OH \ (+ \ 2ATP)$$
글루코스 이산화탄소 에탄올   에너지

효소에는 저분자 물질의 도움을 받지 못하면 작용하지 않는 것이 있었죠?

조효소가 필요한 효소 말이군요.

맞아요! 호흡이나 발효에서는 조효소의 작용을 이해하는 것이 무척 중요하죠.

호흡과 발효 중에서는 발효가 압도적으로 간단합니다. 간단한 발효에 대해 자세히 살펴보도록 합시다!

❸ 젖산 발효

우선 젖산 발효부터. 젖산 발효의 흐름을 모식도로 나타내면 이런 느낌입니다!

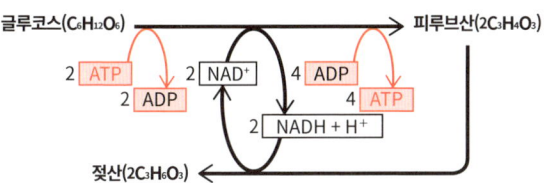

 유산균은 글루코스를 받아들이면 이것을 여러 단계의 반응을 거쳐서 **피루브산**($C_3H_4O_3$)으로 바꾸어놓습니다. 이 반응계를 **해당계**라고 합니다. 1분자의 글루코스($C_6H_{12}O_6$)가 해당계의 진행을 통해 2분자의 피루브산으로 변하면⋯⋯ 이 과정에서 수소 원자(H) 4개가 줄었죠?

 해당계에서는 탈수소효소가 작용합니다. 그리고 해당계에서 작용하는 탈수소효소에는 NAD^+라는 **조효소**(⇒p.48)가 필요합니다. 이 NAD^+는 탈수소효소의 반응에서 생겨나는 H^+와 전자(e^-)를 받아서 NADH가 됩니다(아래 그림).

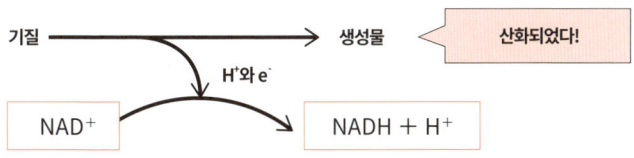

 수소나 전자를 잃는 것을 **산화**, 수소나 전자를 얻는 것을 **환원**이라고 합니다. 따라서 이 반응은 'NAD^+가 환원되어 NADH가 된다'라고도 할 수 있죠!

해당계에서는 처음에 글루코스 1분자당 2분자의 ATP를 소비합니다만, 후반에 4분자의 ATP가 생겨납니다. 따라서 차감해보면 2분자의 ATP를 얻은 셈입니다!

ATP는 얻었지만 피루브산에서 반응을 그만둘 수는 없습니다! 조효소인 NAD^+가 NADH로 변했죠? 이대로 가다간 해당계에서 필요한 NAD^+가 부족해서 해당계가 멈추고 맙니다. NADH를 산화시켜서 NAD^+로 돌려놓아야만 하겠죠! 그래서 유산균은 피루브산에서 젖산($C_3H_6O_3$)을 만드는 과정에서 NADH를 NAD^+로 돌려놓는 것입니다.

또한 격렬한 운동을 하는 근육 등은 젖산 발효와 동일한 반응으로 ATP를 만들 수 있습니다. 동물이 이 반응을 실시하는 경우에는 젖산 발효가 아니라 해당이라고 합니다.

혹시 모르니까 젖산 발효(또는 해당)의 반응식을 다시 실어두겠습니다!

젖산 발효의 반응식

$$C_6H_{12}O_6 \rightarrow 2C_3H_6O_3 \ (+ \ 2ATP)$$
글루코스 　　　　젖산　　　에너지

---

❹ 에탄올 발효

이어서 에탄올 발효입니다! 에탄올 발효의 흐름을 모식도로 나타내면 이런 느낌입니다!

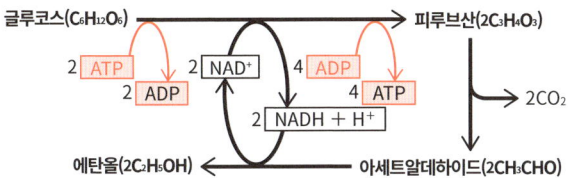

해당계는 젖산 발효와 공통입니다. 효모는 피루브산을 **아세트알데하이드**(CH_3CHO)로 바꾸고, 이어서 아세트알데하이드를 에탄올(C_2H_5OH)로 바꿀 때 NADH를 NAD^+로 돌려놓는 것이죠!

피루브산에서 아세트알데하이드를 만드는 과정에서는 이산화탄소가 발생합니다(빵집은 이 이산화탄소로 빵을 부풀린답니다!). 그리고 이산화탄소를 발생시키는 반응을 **탈탄산 반응**이라고 합니다.

에탄올 발효의 반응식도 다시 실어두겠습니다.

에탄올 발효의 반응식

$$C_6H_{12}O_6 \rightarrow 2CO_2 + 2C_2H_5OH \ (+2ATP)$$
글루코스　　이산화탄소　　에탄올　　　에너지

 자, 이제 호흡의 구조에 대해 배워봅시다!

해설의 그림만 봐도 '복잡하다'라는 느낌이 확 드네요.

 '껌이죠🎵'라고는 못하겠지만 큰 틀을 파악해놓고 중요한 요점을 제대로 이해하면 분명 '아하! 그렇구나!' 하게 될 거예요.

❺ 해당계

글루코스를 호흡 기질(←호흡에서 분해되는 유기물)로 사용하는 호흡의 구조를 배워봅시다. 우선 글루코스는 해당계에서 피루브산으로 변합니다. 발효와 동일하죠!

❻ 시트르산 회로

호흡의 경우, 해당계에서 생겨난 피루브산이 미토콘드리아의 매트릭스로 거두어져서 시트르산 회로에 들어갑니다. 오른쪽 페이지의 그림을 보면서 읽어주세요. 매트릭스로 들어간 피루브산은 탈탄산반응[←탄소 원자를 이산화탄소(CO_2)로서 제거하는 반응]과 탈수소 반응[←H^+와 전자(e^-)를 잃는 반응]을 통해 아세틸 CoA가 됩니다. 피루브산에서 탄소 원자 1개가 제거되었으므로 아세틸 CoA의 탄소수는 2입니다!

아세틸 CoA는 탄소수가 4인 옥살로아세트산과 결합해 시트르산을 만들어냅니다. 4+2⋯⋯ 따라서 시트르산의 탄소수는 6이겠네요. 이렇게 만들어진 시트르산은 이어서 여러 번의 탈탄산 반응과 탈수소 반응을 거치며 옥살로아세트산으로 돌아갑니다.

호흡의 경우 산소를 들이마시고 이산화탄소를 내뱉습니다. 그 이산화탄소는 시트르산 회로에서 나온 결과물이랍니다!

시트르산 회로에서 작용하는 탈수소효소 역시 조효소가 필요합니다. 석신산탈수소효소라는 효소만큼은 FAD가 조효소입니다만 그 외의 탈수소효소는 NAD^+가 조효소입니다. 이들은 H^+와 전자를 받아들여서 $FADH_2$나 NADH

가 됩니다. 게다가 시트르산 회로에서는 피루브산 1분자당 1분자의 ATP가 만들어집니다! ……그 말은 즉 시트르산 회로에서는 글루코스 1분자당 2분자의 ATP가 만들어진다는 뜻이 되겠죠.

시트르산 회로를 대략적으로 나타내면 아래 그림과 같습니다! 탈수소 반응이 다섯 군데, 탈탄산 반응이 세 군데 있으니 세어보세요!

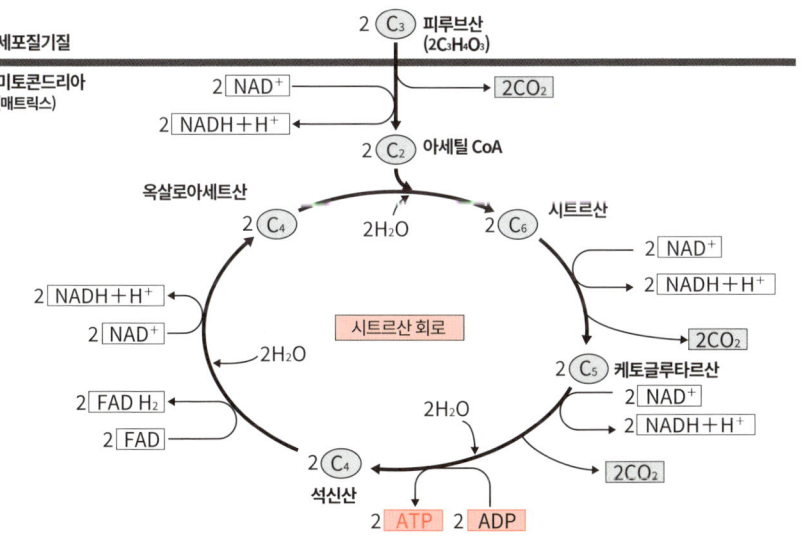

❼ 전자전달계

해당계와 시트르산 회로에서 만들어진 NADH나 $FADH_2$는 미토콘드리아의 내막에 위치한 전자전달계로 운반됩니다. 전자전달계에 대해서는 다음 페이지 그림을 보면서 읽어주세요. 이들 조효소에서 전자가 전자전달계로 전해지고, 그 전자가 내막에 파묻힌 단백질 등의 사이로 속속들이 전달되어갑니다. 전자가 전달될 때 에너지가 방출되죠! 이 에너지를 사용해서…… 뭘 할까요?

전자가 전달되면서 생겨난 에너지를 사용해 H⁺가 매트릭스 쪽에서 <u>막간</u>(←외막과 내막의 사이, 막간공이라고도 합니다)쪽으로 운반됩니다. 그러면…… 내막을 사이에 두고 H⁺의 농도 기울기가 형성되죠.

H⁺의 농도에 대해 '막간 > 매트릭스'라는 농도 기울기가 형성되어 있죠!

내막에는 <u>ATP 합성효소</u>가 심어져 있습니다. 이 ATP 합성효소는 H⁺를 수동 수송시키는 통로로 작용합니다. 따라서 H⁺가 농도기울기를 따라 막간에서 매트릭스로 흘러들게 됩니다. 이때 ATP 합성효소는 ATP를 만들어내죠!

이 부분이 굉장합니다! 1분자의 글루코스를 소비했다고 가정하면 전자전달계에서는 최대 34분자나 되는 ATP를 만들어내거든요!

전자전달계에서는 NADH나 FADH₂의 산화에 동반해 ATP가 합성되는데, 이 같은 ATP 합성 반응은 <u>산화적 인산화</u>라고 합니다. 또한 내막의 단백질 등의 사이로 전달된 전자는 최종적으로 H⁺와 함께 산소(O_2)에 거두어져서 <u>물이 됩니다</u>.

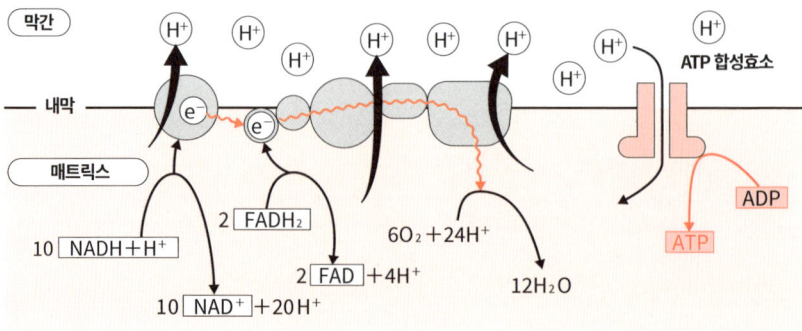

❽ 호흡 전체의 반응

그러면 해당계, 시트르산 회로, 전자전달계를 합쳐서 글루코스를 사용한 호흡의 전체적인 반응식을 정리해봅시다.

글루코스를 사용한 호흡의 반응식

$$C_6H_{12}O_6 + 6O_2 + 6H_2O \rightarrow 6CO_2 + 12H_2O \; (+(최대)38ATP)$$

글루코스 　산소　 물　　　 이산화탄소　 물　　　 에너지

물론이죠! 지방이나 단백질도 호흡에 사용된답니다!

글루코스 말고 다른 유기물도 호흡에 사용할 수 있죠?

04 광합성

 호흡, 발효를 공부했으니…… 다음은 광합성입니다!

클로로필(엽록소)은 이름에 '클로로'가 붙은 걸 보니 염화물인가요?

 '클로로(chloros)'는 초록색이라는 뜻이에요. 그러니 클로로필은 염화물이 아니죠.

클로로필의 '필'에도 의미가 있어 보여요.

 예리하군요! '필(phyllon)'은 잎이라는 뜻이랍니다.

광합성에서는 **광합성 색소**가 흡수한 빛 에너지가 사용됩니다. 광합성 색소에는 **엽록소**, **카로티노이드** 등이 있는데, 엽록체의 틸라코이드 막에 존재합니다. 식물이 지닌 광합성 색소는 **엽록소 a**, **엽록소 b**, **카로틴**, **크산토필** 등입니다.

  광합성 색소마다 흡수하기 쉬운 빛의 파장(=빛의 색)이 다릅니다. 광합성 색소별 빛의 파장과 흡수의 관계를 나타낸 그래프를 **흡수 스펙트럼**이라고 합니다. 또한 빛의 파장과 광합성 속도의 관계를 나타낸 그래프를 **작용 스펙트럼**이라고 한답니다.

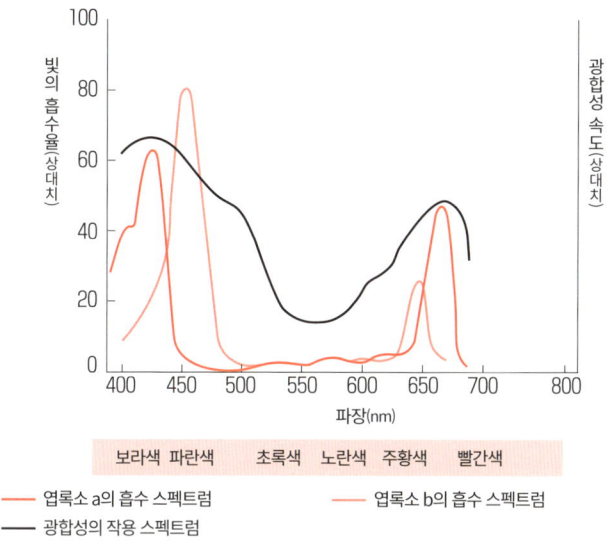

흡수 스펙트럼과 작용 스펙트럼

 엽록소 a와 엽록소 b 모두 녹색광을 그다지 흡수하지 않습니다. 그래서 일반적으로 잎은 녹색광의 대부분을 반사시키기 때문에 초록색으로 보이는 것이죠.

잎이 초록색을 띠는 데에도 다 이유가 있었네요.

광합성 색소는 크로마토그래피 등으로 분리할 수 있습니다. 잎을 으깬 뒤에 탄올 등을 넣으면 광합성 색소를 추출(=액체 속에 녹여내는 것)할 수 있습니다.

이 추출액을 얇은 판 따위에 부착시키고 전개액에 대한 용해도의 차이 등을 이용해 분리시킬 수 있습니다.

 광합성은 틸라코이드에서의 반응과 스트로마에서의 반응으로 나뉩니다.

 어떤 반응인가요?

 틸라코이드에서의 반응은 '움직임을 상상하면서', 스트로마에서의 반응은 '탄소의 숫자에 주목하면서' 익히는 것이 비결이죠! 한번 힘내보자고요 ♪

❶ 틸라코이드에서의 반응

틸라코이드 막에는 광합성 색소와 단백질의 복합체로 이루어진 광화학계 I과 광화학계 II라는 반응계가 있습니다. 광합성 색소가 흡수한 빛 에너지가 이들 반응계의 중심(반응 중심)에 있는 엽록소에 모이면…… 엽록소에서 '펑!' 하고 전자(e^-)가 튀어나옵니다. 이 반응을 광화학 반응이라고 합니다.

전자를 잃은 광화학계 II의 엽록소는 "H_2O야, 전자 좀 주라♪" 하며 물을 분해해 전자를 얻습니다. 이때 산소가 발생하죠!

한편 전자를 잃은 광화학계 I의 엽록소는, 광화학계 II에서 튀어나와 틸라코이드 막에 있는 전자 전달 물질을 통해 온 전자를 건네받습니다.

 광화학계 I에서 튀어나온 전자는 어디로 갔나요??

광화학계 I에서 튀어나온 전자는 $NADP^+$가 받아갑니다. 이때, $NADP^+$는 전자와 수소 이온(H^+)을 받아서 NADPH가 된답니다.

정리해봅시다!

물이 분해되면서 생겨난 전자는 광화학계 II, 전자 전달 물질, 광화학계 I를 통해 NADP⁺로 전달됩니다. 이 전자가 흐르는 반응계의 전체를 **전자전달계**라고 부릅니다(아래 그림).

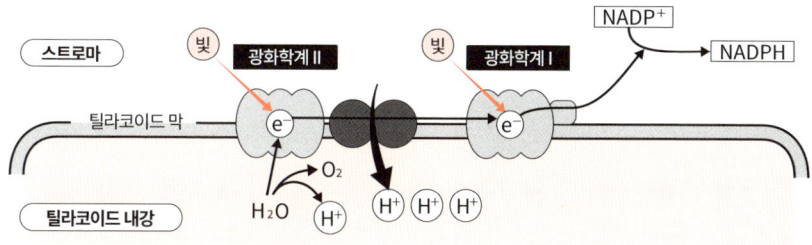

전자가 전자 전달계를 흐르면 H⁺가 스트로마에서 틸라코이드 안으로 운반되고, 틸라코이드 안팎으로 H⁺의 농도 기울기가 생겨납니다. 틸라코이드 막에는 <u>ATP 합성효소</u>가 있는데, <u>H⁺가 농도 기울기를 따라 ATP 합성효소를 통해 스트로마로 확산될 때 ATP가 합성됩니다.</u>

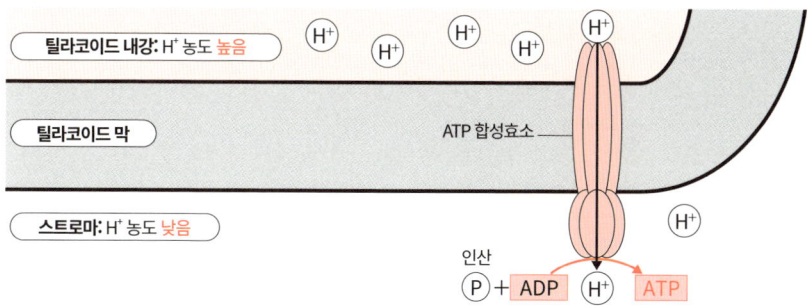

미토콘드리아의 전자전달계(⇒p.57)와 비슷하네요!

멋진 지적이에요!
'H⁺의 농도 기울기를 이용해 ATP를 만든다'라는 점 등, 기본적인 이미지는 같답니다!

　미토콘드리아의 전자전달계에서 ATP 합성은 산화적 인산화였죠. 한편 엽록체에서의 이와 같은 ATP 합성은 빛 에너지에 의존한다 해서 광 인산화라고 한답니다.

　자, 틸라코이드에서의 반응은 끝났습니다! 쉽게 말해, '빛 에너지를 흡수', '물을 분해해서 산소 발생', 'NADPH가 생겨남', 'ATP가 생겨남'이 틸라코이드에서의 반응입니다. 그리고 틸라코이드에서 만들어진 NADPH와 ATP는 스트로마에서 실시되는 캘빈 회로(캘빈-벤슨 회로)라는 반응계에서 사용됩니다.

❷ 캘빈 회로(켈빈 – 벤슨 회로)

캘빈 회로는 이산화탄소(CO_2)를 환원해서 유기물($C_6H_{12}O_6$)을 만드는 반응계입니다. 그럼 캘빈 회로에 대해 알아봅시다 ♪

　캘빈 회로는 대략적으로 오른쪽 페이지 그림과 같습니다.

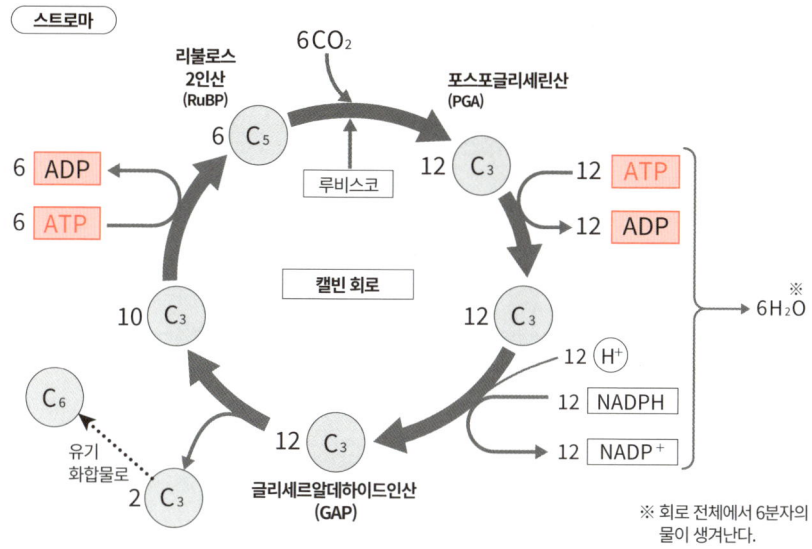

1분자의 CO_2는 <u>루비스코</u>(Rubisco)라는 효소의 작용에 의해, <u>RuBP라는 C_5 화합물</u>(←탄소 원자를 5개 가진 화합물) 1분자와 결합하면서, <u>PGA라는 C_3 화합물</u>(←탄소 원자를 3개 가진 화합물)이 2분자 생겨납니다.

이렇게 생겨난 PGA는 틸라코이드의 반응에서 만들어진 ATP를 소비하고, 이어서 NADPH에 의해 환원되어 GAP라는 C_3 화합물이 됩니다. 이 GAP의 일부가 유기물의 합성에 사용되고, 남은 GAP는 다시금 ATP를 소비해 RuBP로 돌아갑니다.

어찌어찌 여기까지는 잘 도착했네요!

1분자의 유기물($C_6H_{12}O_6$)을 만든다고 가정하고 캘빈 회로를 함께 돌아봅시다♪ 이 경우, 6분자의 CO_2가 회로로 들어가⋯⋯ 12분자의 ATP와 12분자의

NADPH를 사용합니다. 6분자의 물을 만들어내고, 12분자의 GAP 중 2분자가 회로에서 빠져나와 유기물을 합성하는 데 사용되죠……. 그리고 나머지가 6분자의 ATP를 사용해 RuBP로 돌아가게 됩니다.

마지막으로 광합성의 반응 전체를 반응식으로 정리해봅시다!

광합성의 반응식

$$6CO_2 + 12H_2O \rightarrow C_6H_{12}O_6 + 6O_2 + 6H_2O$$
이산화탄소   물   글루코스   산소   물

실은 특수한 광합성을 하는 식물이 있답니다. 예를 들자면 선인장!

어떤 점에서 특수한가요?

선인장은 캘빈 회로 전에 또 다른 반응회로(C_4 회로) 하나가 붙어 있어요. 그리고 C_4 회로에서는 밤 동안 이산화탄소를 저장해둔답니다.

'밤 동안'이 핵심이네요.

맞아요. 사막처럼 건조한 장소에서 낮 동안에 기공을 열어두었다간 증산*이 일어나 수분을 잃어버리게 됩니다. 그래서 선인장은 비교적 기온이 낮은 밤 동안에 기공을 열어서 이산화탄소를 빨아들이고 낮 동안에는 기공을 꽉 닫아두는 것이죠. 굉장한 구조라고 생각되지 않나요?

*식물 내부의 수분이 수증기가 되어 공기 중으로 빠져나가는 작용-옮긴이

3장 유전자와 그 작용

애당초 '유전자'가 무엇인지 알고 계신가요?

"아빠도 무과였는데, 내가 수학을 싫어하는 건 유전일까?"

'유전'이나 '유전자'라는 단어는 다양한 상황에서 사용됩니다. 물론 수학이 싫어지는 유전자는 (아마도) 없을 테지만 이렇게 사용되기도 하겠죠.

예를 들어, '바이러스의 유전자에 돌연변이가 일어나 새로운 변이체가 출현하다!'라는 표현도 간혹 접해보셨을 겁니다. 이 문장의 내용을 여러분은 어느 정도나 이해하셨나요?

유전자란 무엇일까요? 돌연변이란 무엇일까요? 변이체란 무엇일까요? 뭔가 두루뭉술하게 이해하고 계신 분도 많지 않을까 싶네요. 3장을 읽으면 무슨 일이 일어났는지, 어떤 변화가 일어났는지, 어떤 위험성이 있는지 등에 대해 어느 정도 정확히 정보를 습득할 수 있게 될 겁니다.

또한 최근에는 유전자 재조합, 유전자 치료, 유전체 편집 등 유전자를 조작하는 연구도 실시되고 있으며 실용화되고 있습니다. "뭔지 잘 모르겠어서 무서워!"라고 두려워하기 전에 어떤 이점이 있는 기술인지, 어떤 위험성이 있으며 그 위험성을 어떻게 관리하고 있는지 등을 정확하게 이해하셨으면 합니다. 잘 모르는 것에 대한 막연한 공포심은 모두가 갖고 있는 법이지만 잘만 이해하면 불식시킬 수 있습니다. 그리고 결과적으로는 합리적인 판단을 내릴 수 있게 됩니다.

3장에서는 우리의 식생활이나 건강과 관련된 다양한 정보를 이해하기 위한 기초적인 내용을 다루어보겠습니다.

01 유전정보와 유전정보의 분배

1 유전체란?

유전체는 영어로 게놈(genome)입니다.
게놈은 **유전자**라는 의미의 'gene'과
전부라는 의미의 '-ome'을 합쳐서 만들어진 조어랍니다.

'게놈'이라면 뉴스 같은데서 가끔 듣는데,
무슨 뜻인지는 몰랐어요.

❶ 유전체

우선은 '전부'라는 이미지가 중요합니다.

    사람의 체세포에는 <u>46개</u>의 염색체가 있습니다만, 자세히 보면 크기나 형태가 똑같은 염색체가 한 쌍씩, 모두 23쌍 있습니다. 이처럼 쌍을 이루는 염색체를 <u>상동염색체</u>라고 하는데, 상동염색체 중 한 쪽은 아버지, 나머지 한 쪽은 어머니에게서 유래하죠. 이 상동염색체 중 한 쪽의 23개를 모아놓은 1벌에 포함된 모든 DNA를 <u>유전체</u>라고 합니다.

체세포에는 유전체가 2벌 있다는 뜻인가요?

    맞습니다! 체세포에는 유전체가 2벌, 정자나 난자에는 유전체가 1벌씩 들어 있죠.

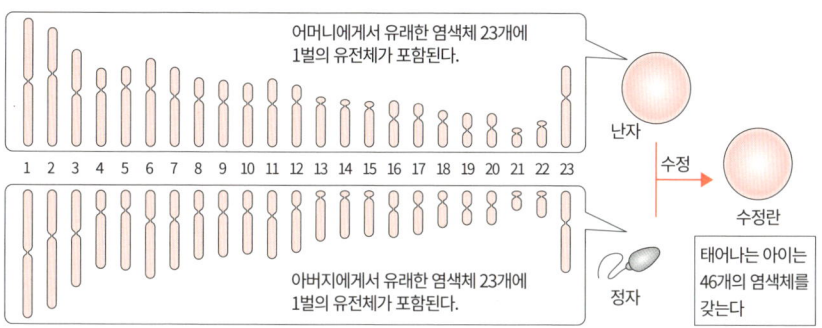

❷ 유전체와 유전자의 관계

유전체…… 유전자…… DNA…… 유전체?

유전자에 관한 용어는 헷갈리는 사람이 많네요. DNA의 일부가 전사·번역되어 단백질이 합성되는 과정은 나중에 배우겠습니다만(⇒p.79)……, 전사·번역되는 부분은 DNA의 일부로, 진핵생물의 경우는 대부분이 전사·번역되지 않는 부분입니다. 다음 페이지 그림에서 전사·번역되는 부분 하나하나가 <u>유전자</u>입니다. 사람의 경우, 전사·번역되는 부분은 유전체의 겨우 1.5% 정도라고 하죠!

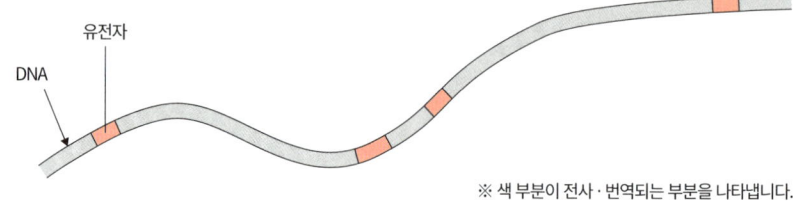

※ 색 부분이 전사·번역되는 부분을 나타냅니다.

유전체에 포함된 염기쌍의 수는 유전체 크기라고 하는데, 유전체 크기는 생물마다 다릅니다. 또한 유전자의 수에 대해서도 생물에 따라 다르죠.

다양한 생물의 대략적인 유전체 크기(염기쌍의 수)와 유전자의 수

생물명	대장균	효모	초파리	벼	사람
유전체 크기	500만	1200만	1억 6500만	4억	30억
유전자의 수	4500	7000	1만 4000	3만 2000	2만 500

우리는 초파리나 사람보다도 유전자의 수가 많아!

벼

유전자의 수가 많다고 으스대긴! 많다고 대단한 게 아니야!

초파리

2 세포 주기
❶ 세포주기와 DNA양의 변화

 사람의 몸은 수십조 개나 되는 세포로 이루어져 있지만 이들은 본래 수정란이라는 하나의 세포였답니다.

우리의 몸은 1개의 수정란이 체세포 분열을 반복해서 늘어난 결과로, 모든 세포가 동일한 DNA의 유전정보를 물려받습니다. 유전정보가 정확하게 대물림된다는 건 정말로 굉장한 사실이죠!

세포가 분열을 마친 뒤 다음 분열을 끝내기까지의 과정을 세포 주기라고 하는데, 실제로 세포가 분열하는 분열기(M기)와, 분열을 위한 준비를 하는 간기로 나눌 수 있습니다. 간기는 다시 DNA 합성 준비기(G_1기), DNA 합성기(S기), 분열 준비기(G_2기)로 나뉘죠.

세포에 따라서는 G_1기에 접어들었을 때 세포 주기를 멈추고 G_0기라 불리는 휴지기에 들어가 췌장이나 간 세포 등, 특정한 형태와 기능을 갖춘 세포로 변합니다. 이를 분화라고 합니다.

분화한 세포는 더 이상 분열하지 않는 건가요?

예를 들어, 간 세포는 간이 상처를 입기라도 하면 G_0기의 세포가 G_1기로 돌아가 세포주기를 재개한다는 사실이 알려져 있습니다. 그럼, 세포주기에 대해 다음 페이지 그림을 살펴봅시다!

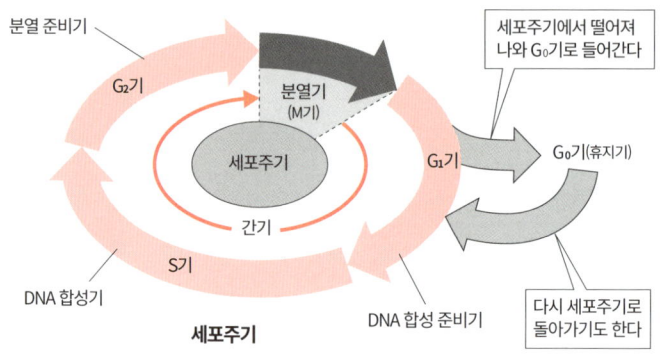

세포주기

세포분열을 하기 전에 DNA를 정확하게 복제하고, 복제된 DNA를 분열로 생겨난 2개의 세포(딸세포)에 정확히 나누어 분배하기 때문에 같은 유전정보를 가진 세포를 계속해서 만들어낼 수 있는 것입니다.

 DNA양? '양'이라……. '양'이라면 뭘 말하는 건가요?

DNA양은 DNA의 질량, 다시 말해 '무게'입니다! DNA는 S기에 정확하게 복제되어 딸세포에게 균등하게 분배되므로 하나의 세포에 들어가 있는 DNA양 (세포당 DNA양)은 오른쪽 페이지 위 그림과 같이 변합니다. 분열기가 끝나고 세포가 2개가 될 때, 반으로 확 줄어듭니다!

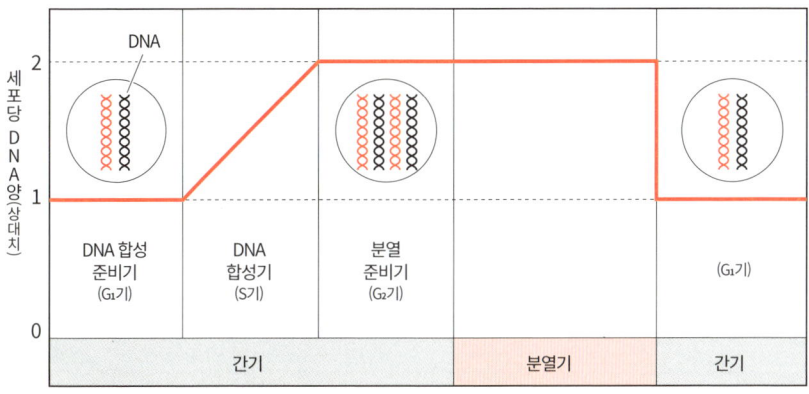

❷ 분열기(M기)에서의 DNA의 움직임

 분열기에서는 DNA를 2개의 딸세포에게 정확히 분배합니다. 그 모습을 살펴봅시다!!

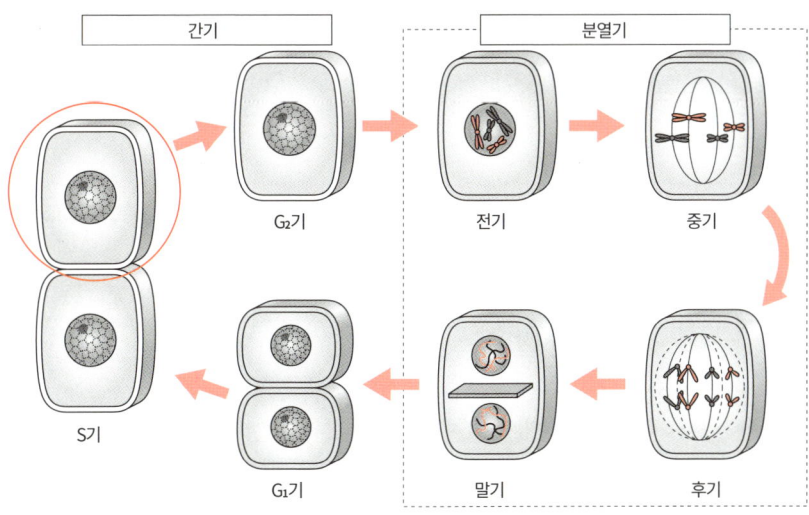

분열기는 염색체의 생김새 등에 따라 전기, 중기, 후기, 말기라는 네 시기로 나뉩니다.

S기에 복제된 2개의 DNA는 분열기 중기까지는 계속 접착되어 있습니다!

이건 정말로 중요한 사실이랍니다!

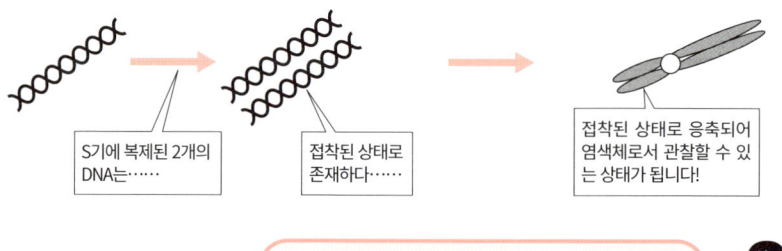

S기에 복제된 2개의 DNA는……

접착된 상태로 존재하다……

접착된 상태로 응축되어 염색체로서 관찰할 수 있는 상태가 됩니다!

……그렇다면 이 염색체 ⚭ 에는 DNA가 2개 포함되어 있다는 뜻이네요!

맞아요! 게다가 이 염색체 ⚭ 에 포함된 DNA는 복제를 통해 생겨난 같은 염기서열을 지닌 2개의 DNA랍니다! 이 사실을 염두에 두고 분열기에 대해 정리해봅시다.

❶ **전기**…핵 안에 흩어져 있던 염색체가 응축되어 끈 형태로 변해 광학 현미경으로 볼 수 있게 된다.
❷ **중기**…염색체가 중앙부에 배열된다.
❸ **후기**…2개의 DNA로 이루어진 염색체가 분리되어 균등하게 1개의 DNA를 포함한 상태로 변해 양극으로 이동한다.
❹ **말기**…응축되어 있던 염색체가 다시 실처럼 풀어지고, 핵막이 형성된다. 또한 세포질이 2개로 나뉜다.

3 DNA의 복제

 DNA가 복제되는 시기는 세포주기에서 언제였죠?

깜짝 퀴즈! S기였어요.

 정답~♪ S기에 DNA가 어떻게 복제되는지를 분자 단위에서 배워봅시다!

❶ 반보존적 복제

DNA의 복제는 적당히 아무데서나 시작되는 것이 아니라, 복제기점이라 불리는 특정 염기서열 부분에서 시작됩니다. 복제기점에 DNA 헬리케이스라는 효소가 결합하면 여기서부터 이중나선을 풀어나가기 시작하죠.

풀어진 부분의 사슬(주형가닥)에 대해 상보적인 염기를 가진 뉴클레오타이드가 결합되고, DNA 중합효소라는 효소가 이 뉴클레오타이드들을 연결시키면서 새로운 사슬(신생가닥)이 만들어집니다(다음 페이지 그림).

이렇게 만들어진 DNA는 주형가닥과 신생가닥으로 이루어진, 본래의 DNA와 완전히 똑같은 염기배열을 갖습니다. 이러한 DNA의 복제 방식을 반보존적 복제라고 합니다.

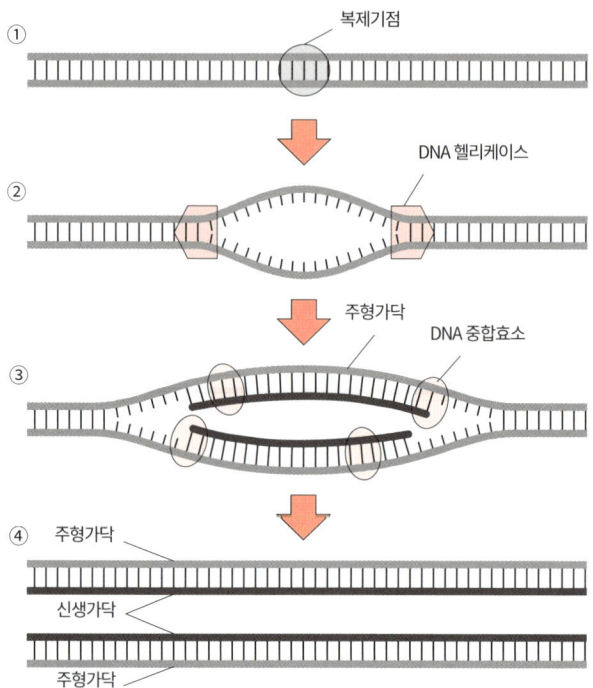

❷ 복제의 구조

 DNA 중합효소는 살짝 복잡하지만 중요한 두 가지 성질이 있답니다……

<u>DNA 중합효소는 뉴클레오타이드 사슬을 늘일 수는 있지만 아무것도 없는 곳에서 신생가닥을 만들어내지는 못합니다.</u>

네!? 그럼, 신생가닥의 합성이 시작되지 않잖아요!!

그래서! 신생가닥의 합성을 시작할 때는 우선 주형가닥에 상보적인 짧은 RNA를 만들고 여기에 DNA의 뉴클레오타이드를 연결해서 신생가닥을 만듭니다. DNA 합성의 기점이 되는 이 RNA를 RNA 프라이머라고 합니다.

그리고 DNA 중합효소는 뉴클레오타이드 사슬을 3' 말단 방향으로밖에 늘일 수 없습니다. 효소가 가진 기질특이성 때문에 어쩔 수 없는 일이죠!

DNA는 역방향의 뉴클레오타이드 사슬로 이루어져 있었죠. 따라서 DNA를 합성할 때…… 한 쪽은 풀어지는 방향과 신생가닥이 늘어나는 방향이 일치합니다만, 다른 한 쪽은 이 방향이 반대가 되고 맙니다.

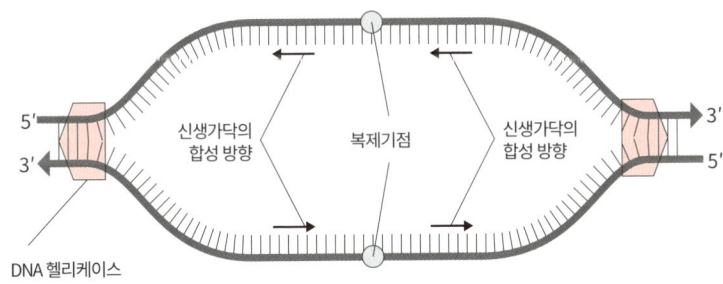

 꾸준히 신생가닥을 만들어낼 수밖에요.

 어어!? 어떡하죠!?

풀어지는 방향과 신생가닥이 늘어나는 방향이 일치하는 쪽(다음 페이지 그림 ⓑ의 DNA 사슬)은 연쇄적으로 신생가닥을 만들면 됩니다. 이렇게 연쇄적으로 만들어지는 신생가닥을 선도가닥(leading strand)이라고 합니다.

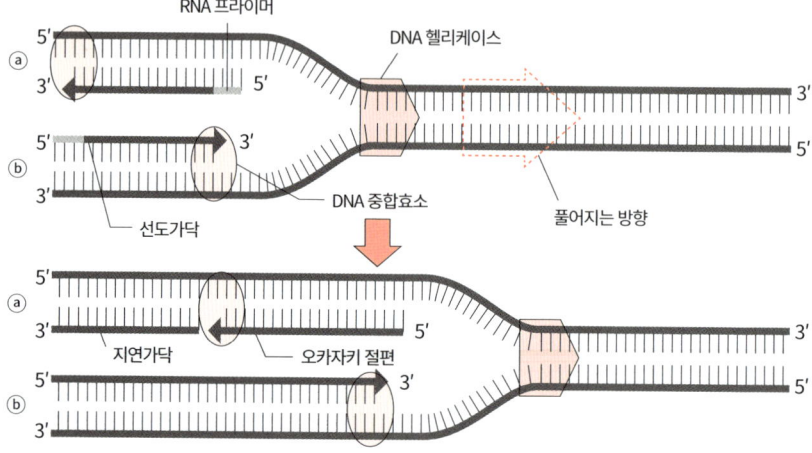

위 그림에서 ⓐ 사슬은 여러 개의 짧은 신생가닥을 띄엄띄엄 만들어서 이를 **DNA 연결효소**라는 효소로 연결시켜나갑니다. 이렇게 불연속적으로 만들어진 신생가닥을 **지연가닥**(lagging strand)이라고 하며, 이때 만들어지는 짧은 사슬을 **오카자키 절편**이라고 합니다. 지연가닥이 불연속적으로 합성된다는 사실을 증명한 학자가 바로 일본의 **오카자키 레이지**였기 때문에, 그의 이름을 따서 이러한 이름이 붙여졌죠.

 어원을 짚고 넘어가겠습니다. lead는 '앞서 가다'라는 의미인데, 연속적으로 매끄럽게 선행해 합성되기 때문에 leading strand(선도가닥)입니다.
한편, lag는 '늦어지다'라는 뜻이죠. 늦게 합성이 진행되므로 lagging strand(지연가닥)입니다.

02 유전정보의 발현을 본격적으로 알아보자

1 단백질 합성까지의 흐름

 AAATTTCGC~! 자, 전사해주세요♪

 UUUAAAGCG~! 자, 선생님, 번역해주세요!!

 페닐알라닌, 라이신, 알라닌! Yo~!

 잘은 모르겠지만 흐름과 기세가 중요하군요♪

유전자를 전사, 번역해서 기능을 갖춘 단백질이 합성되는 현상을 유전자의 발현이라고 합니다. 유전자가 발현될 때에는 유전정보가 DNA→RNA→단백질, 이렇게 한 방향으로 전달되어갑니다. 이 흐름에 관한 원칙을 센트럴 도그마라고 하죠.

❶ 전사

유전자의 전사를 시작하는 부위 근처에는 프로모터라 해서 염기서열이 특별한 장소가 있습니다. 프로모터에 RNA 중합효소라는 효소가 결합하면 DNA의 이중 나선 구조가 풀리고, 풀린 한 쪽의 사슬(주형가닥)에 상보적인 염기를 가진 RNA의 뉴클레오타이드가 결합되기 시작합니다.

이때 RNA 중합효소는 주형가닥의 3'→5'라는 방향으로 움직입니다. 따라서 합성되는 RNA는 5'→3'라는 방향으로 뻗어나갑니다(아래 그림).

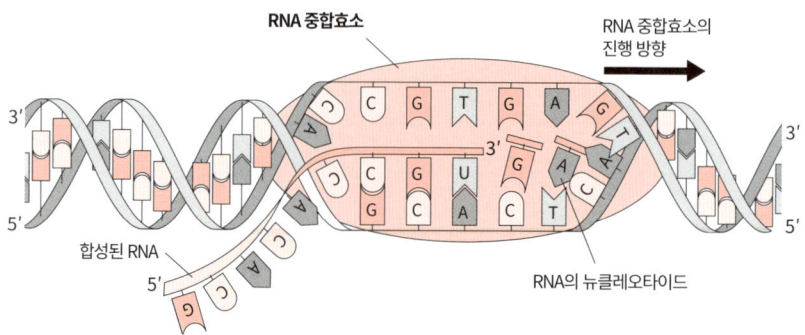

❷ 스플라이싱

보통 원핵생물의 경우, 전사를 통해 만들어진 RNA는 그대로 mRNA로서 번역됩니다. 한편 대부분의 진핵생물의 유전자에는 DNA의 염기서열 안에 번역되는 영역(엑손)과 번역되지 않는 영역(인트론)이 있기 때문에 모두가 그대로 번역되지는 않습니다.

 엑손과 인트론 모두 전사되지만 이후 핵 안에서 인트론 영역이 제거되고 엑손 영역끼리 연결됩니다(오른쪽 페이지 그림). 이 과정을 스플라이싱이라고 하는데, 전사된 RNA(mRNA 전구체)는 스플라이싱 등을 거쳐 mRNA가 됩니다.

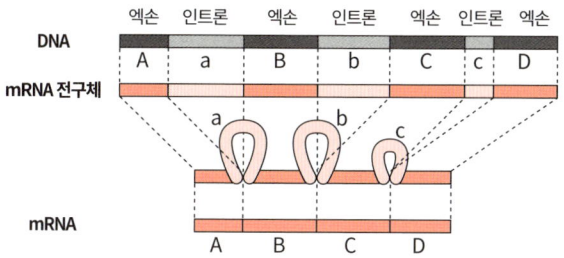

 스플라이싱이 진행될 때 제거되는 영역이 변하면서 1개의 유전자에서 2종류 이상의 mRNA가 만들어지는 경우가 있습니다! 이 현상이 선택적 스플라이싱(아래 그림)입니다.

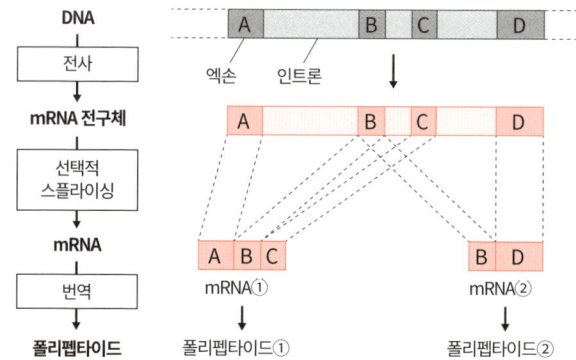

 사람의 경우, 70% 이상의 유전자에서 선택적 스플라이싱이 일어난다는군요! 굉장하네요!

❸ 번역

번역은 리보솜에서 실시됩니다! mRNA는 리보솜에 결합합니다. 번역이 이루어질 때 mRNA의 염기에서 3개의 서열마다 특정 아미노산을 지정합니다. 이 mRNA의 3개의 서열을 코돈이라고 합니다.

'코돈에 대응하는 아미노산은 정해져 있다'는 규칙은 알겠는데, 구조가 머릿속에 그려지질 않아요……

그림 이미지는 중요하죠. 그럼 우선은 tRNA(운반 RNA)에 대해 정확한 이미지를 그려봅시다!

tRNA 분자의 끝부분에는 안티코돈이라는 3개의 염기서열이 있는데, 효소의 작용에 따라 안티코돈의 염기서열마다 특정한 아미노산과 결합해 있답니다!

자, tRNA가 무엇인지 알았으니 번역 과정에 대해 설명을 계속해보죠! mRNA가 리보솜과 결합한 뒤 어떻게 되는지!

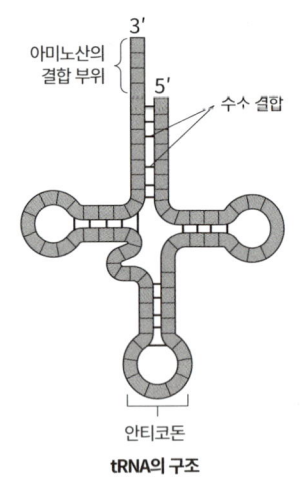

tRNA의 구조

이어서 리보솜은 mRNA에 있는 AUG라는 서열을 인식합니다. 이 서열을 개시 코돈이라고 합니다. 그러면 개시 코돈과 상보적인 UAC라는 안티코돈을 가진 tRNA가 메티오닌을 이곳으로 운반해옵니다. 그리고 AUG에서 이어지는 코돈에 대해서도 상보적인 안티코돈을 가진 tRNA가 특정 아미노산을 운반해오겠죠! 그리고 운반된 아미노산끼리는 펩타이드 결합을 형성해 이어짐과 동시에 아미노산을 운반해온 tRNA는 떨어져 나갑니다.

　리보솜은 mRNA상에서 5'→3'의 방향으로 이동하며 지금까지의 반응을 되풀이하고…… 종결 코돈(UAA · UGA · UAG 중 하나)에 도달하면 번역이 종료되며 합성된 폴리펩타이드가 리보솜에서 떨어져 나갑니다(아래 그림).

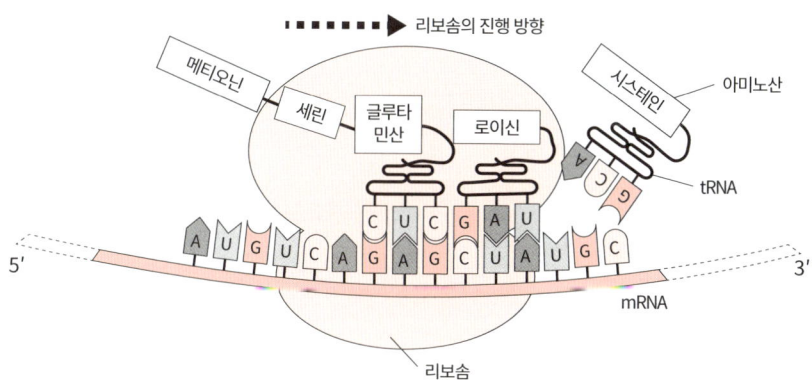

코돈에 대응하는 아미노산이 운반되고…… 펩타이드 결합을 해나가다……
종결 코돈이 있는 곳에서 종료되는 거군요!

네, 맞아요!
그 정도로 간단히 이해하면 OK입니다.

선생님, 다음 페이지의 유전암호표는……
설마, 전부 외워야 하는 건가요?(ㅠㅠ)

아뇨, 그럴 리가요! 그렇게 무턱대고 외울 필요는 없답니다!
개시 코돈과 종결 코돈은 외워두면 좋지만 그것 말고는 괜찮아요.

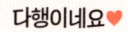
다행이네요♥

❹ 코돈에 따른 아미노산의 지정

코돈마다 특정한 아미노산이 지정된다는 사실을 배웠습니다. 4종류의 염기 3개가 나열되어 있으니 코돈은 4×4×4=64종류겠군요. 그리고 단백질을 구성하는 아미노산은 20종류였죠.

같은 아미노산을 지정하는 코돈이 여러 개 있다는 건가요?

맞아요!

종결 코돈을 제외한 61종류의 코돈에서 20종류의 아미노산을 지정하므로 복수의 코돈이 동일한 아미노산을 지정하는 경우가 있습니다.

코돈과 지정되는 아미노산과의 관계를 정리한 다음 표를 유전암호표라고 합니다.

		코돈의 2번째 염기				
		U	C	A	G	
코돈의 1번째 염기	U	UUU UUC 페닐알라닌(Phe) UUA UUG 로이신(Leu)	UCU UCC UCA UCG 세린(Ser)	UAU UAC 타이로신(Tyr) UAA UAG 종결 코돈	UGU UGC 시스테인(Cys) UGA 종결 코돈 UGG 트립토판(Trp)	U C A G	코돈의 3번째 염기
	C	CUU CUC CUA CUG 로이신(Leu)	CCU CCC CCA CCG 프롤린(Pro)	CAU CAC 히스티딘(His) CAA CAG 글루타민(Gln)	CGU CGC CGA CGG 아르기닌(Arg)	U C A G	
	A	AUU AUC AUA 이소로이신(Ile) AUG 개시 코돈 메티오닌(Met)	ACU ACC ACA ACG 트레오닌(Thr)	AAU AAC 아스파라긴(Asn) AAA AAG 라이신(Lys)	AGU AGC 세린(Ser) AGA AGG 아르기닌(Arg)	U C A G	
	G	GUU GUC GUA GUG 발린(Val)	GCU GCC GCA GCG 알라닌(Ala)	GAU GAC 아스파라긴산(Asp) GAA GAG 글루타민산(Glu)	GGU GGC GGA GGG 글라이신(Gly)	U C A G	

유전암호표

AUG는 개시 코돈으로, 이곳으로 메티오닌이 운반되면서 번역이 시작됩니다. 하지만 번역 도중에 나오는 AUG는 단순히 메티오닌을 지정하는 코돈이므로 오해하지 말아주세요.

2 돌연변이와 다형

DNA의 복제는 대단히 정확하게 이루어지지만 드물게 실수가 발생하기도 합니다.

그래도 괜찮은 건가요?

물론 단백질이 기능하지 않게 되는 경우도 많지만……. 복제에 실수한 덕분에 생물이 진화한다고도 볼 수 있죠.

❶ 돌연변이

DNA의 염기서열이나 염색체의 구조, 개수가 변하는 현상을 **돌연변이**라고 합니다. 염기서열이 변하는 돌연변이는 다음과 같습니다.

> ❶ 치환: 어떤 염기가 다른 염기로 바뀐다.
> ❷ 결실: 어떤 염기를 잃는다.
> ❸ 삽입: 새로운 염기가 끼어든다.

치환이 일어나 코돈이 변했음에도 동일한 아미노산을 지정하는 경우가 있죠. 이 경우, 합성되는 폴리펩타이드에 변화는 일어나지 않는데, 이러한 치환을 **동의치환**이라고 합니다.

또한 변한 코돈이 다른 아미노산을 지정하는 경우나 종결 코돈이 생겨나는 바람에 치환이 일어난 장소에서 번역이 종료되고 마는 경우도 있습니다. 폴리펩타이드에 변화가 일어나는 이러한 치환은 비동의치환이라고 하죠.

결실이나 삽입이 일어나면 돌연변이가 일어난 장소 이후의 코돈에서 해독틀이 어긋나버리는 프레임 시프트가 일어납니다. 이 경우, 돌연변이가 일어난 장소 이후의 아미노산 서열이 크게 변해버려서 합성되는 단백질의 기능이 크게 달라져버리고 맙니다.

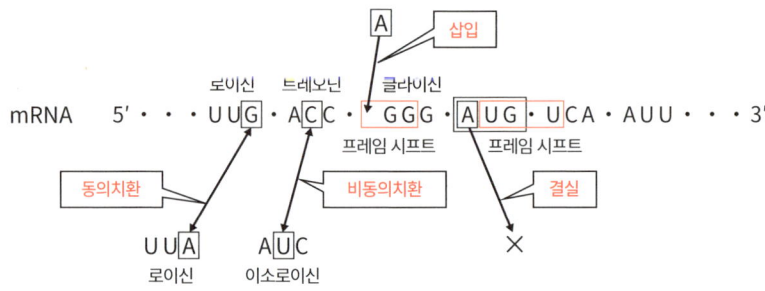

 위에서 아미노산 서열을 지정하는 영역에서 일어난 돌연변이를 소개했습니다. 프로모터나 전사를 조절하는 영역, 스플라이싱에 관여하는 부위에서 돌연변이가 일어나는 경우도 있답니다!

❷ 낫 모양 적혈구 빈혈증(낫 모양 적혈구증)

염기의 치환 때문에 형질이 변하는 예로 낫 모양 적혈구 빈혈증이 있습니다. 헤모글로빈을 구성하는 β 사슬이라는 폴리펩타이드의 유전자에 유전자 치환이 일어나 6번째 아미노산이 글루타민산에서 발린으로 치환됩니다(오른쪽 페이지 그림). 이와 같은 β 사슬을 포함한 헤모글로빈을 가진 적혈구는 산소 농도가 낮은 조건에서 낫 모양으로 변합니다. 그러면 모세혈관에 걸리거나 적혈구가 파괴되기 쉬워지면서 빈혈이 일어나고 맙니다.

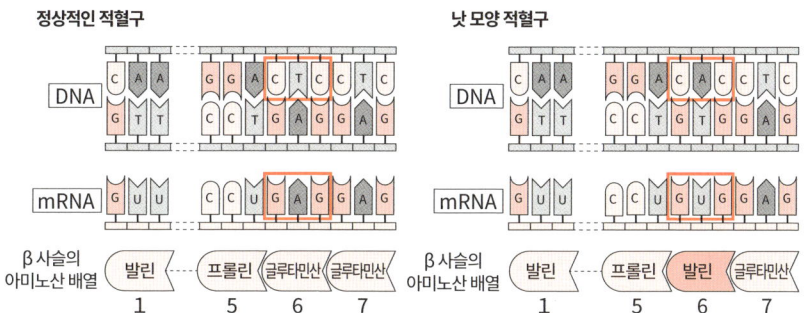

'낫 모양 적혈구 빈혈증인 사람은 말라리아에 잘 걸리지 않는다'는 기사를 읽은 적이 있는 것 같은데……

대단해요♪ 낫 모양 적혈구 빈혈증 유전자가 동형접합체인 사람은 심한 빈혈증을 일으키기 때문에 목숨을 잃는 경우가 많습니다만, 정상 유전자와의 이형접합체인 사람의 경우는 빈혈이 그리 심하지는 않습니다. 그리고 이 낫 모양 적혈구 빈혈증 유전자를 가진 사람은 말라리아에 잘 걸리지 않죠!

그래서 말라리아가 유행하는 지역에서는 낫 모양 적혈구 빈혈증 유전자를 가졌다는 사실이 꼭 불리하다고만 볼 수는 없답니다.

구체적으로 말하자면 말라리아가 유행하는 지역에서는 정상 유전자가 동형접합체인 사람은 말라리아에 걸리고, 낫 모양 적혈구 빈혈증 유전자가 동형접합체인 사람은 빈혈로 죽고 마는 경우가 있으므로 이형 접합체가 가장 유리해지는 경우도 있습니다(⇒p. 106).

❸ 일염기다형(SNP)

동의치환 등은 일어난다 하더라도 생존에 불리해지지 않으므로 진화 과정에서 우연히 자손에게 전해지는 경우가 있습니다. 그 결과, 동일한 생물이더라도 다른 염기서열의 유전자를 가진 개체가 여럿 존재하죠.

사람 역시 예외는 아니어서, 타인의 유전체와 비교했을 경우 0.1% 정도는 염기서열이 다르다고 합니다. 예를 들어…… '유전자의 어느 염기의 경우, 대부분은 T지만 일부는 C로 변해 있는' 경우가 있습니다. 이러한 <u>1염기의 차이</u>를 <u>일염기다형(SNP)</u>라고 합니다.

single nucleotide polymorphism
'뉴클레오타이드 하나의 다형(多型)'이라고 직역할 수 있죠.

애당초 '다형'이란 뭔가요?

그러니까…… 집단에 일정(←보통은 약 1%) 이상 존재하는 개체의 차이를 다형이라고 합니다. 그러니 매우 보기 드문 개체 차이에 대해서는 다형이라고 하지 않습니다.

인간의 유전체 안에는 수천만이나 되는 SNP가 있다는 사실이 밝혀져 있습니다! 그 대부분은 형질에 영향을 주지 않지만 낫 모양 적혈구 빈혈증이나 <u>페닐케톤뇨증</u>처럼 형질에 직접적인 영향을 끼치는 경우도 있습니다.

또한 어떤 영향을 끼치는지 밝혀지지 않은 SNP도 많습니다. 그 중에는 '질병에 걸리기 쉬운 정도', '약이 잘 듣는 정도' 등과 관련이 있는 것도 있다고 생각되므로 연구가 진행되고 있죠.

장래에는 SNP를 조사해서 적절한 약품이나 투약량을 결정하거나, 질병의 발병 위험도를 줄이게끔 생활하는 식으로 개인에게 맞춘 의료, 다시 말해 **맞춤형 의료**(개별화 의료)가 가능해질 것으로 기대를 받고 있습니다.

굉장하네요~!
언제쯤 가능해지려나.

또한 다형에는 1염기의 차이뿐 아니라 반복되는 서열의 반복 횟수의 차이 같은 다형도 있습니다. 이러한 것은 단순히 다형 또는 DNA 다형이라고 합니다.

3 원핵생물에서의 유전자 발현 조절

징화는 비가 내리는 날에 신시 밝는 날에는 보통 신지 않죠.

(갑자기 무슨 소리일까······) 그렇죠(^^;;;).

유전자는 필요할 때에는 발현시키고,
필요하지 않을 때는 발현시키지 않는답니다!

장화하고 똑같은······ 걸까나······?

전사는 어떻게 시작되는 거였죠?

RNA 중합효소가 프로모터와 결합해요!

맞아요! 그러니까 전사하고 싶지 않다면 RNA 중합효소가 프로모터와 결합하지 않게 하면 되겠죠. 처음에는 이렇게 두리뭉실한 이미지가 중요하답니다!

❶ 오페론

원핵생물의 경우, 기능적으로 연관이 있는 복수의 유전자는 인접해 있기 때문에 한데 모아서 하나의 mRNA에 전사하는 경우가 많습니다. 이렇게 한데 모아 전사되는 유전자군을 오페론이라고 합니다. 특정 오페론에 대한 조절 단백질이 결합되는 영역을 작동 유전자(operator)라고 합니다. 전사를 촉진하는 조절 단백질은 활성인자(activator), 억제하는 조절 단백질은 억제인자(repressor)라고 하죠.

 activate는 '활성화하다', repress는 '억제하다'라는 의미입니다!

❷ 락토스 오페론

대장균이 지닌 락토스를 받아들여서 사용하기 위한 유전자군을 락토스 오페론이라고 부릅니다. 이 락토스 오페론에 대해서 알아봅시다!

Step 1 이 오페론은 락토스가 존재할 때 전사되고, 락토스가 없으면 전사되지 않습니다.

 락토스를 받아들여서 사용하기 위한 유전자군이니까 당연하겠네요 ♪

 실제로는 글루코스가 존재하면 락토스의 유무와 무관하게 전사가 억제된답니다.

Step 2 락토스가 존재하지 않는 환경에서 이 오페론의 전사가 어떻게 멈추어 있는지를 아래의 그림으로 알아봅시다♪

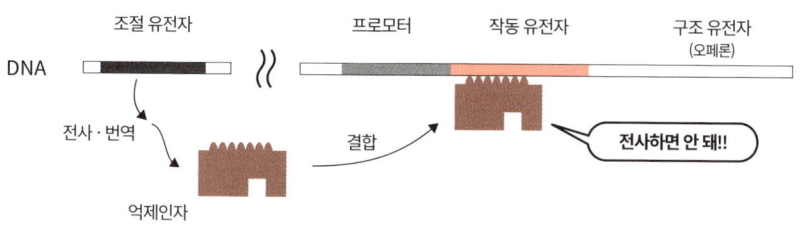

이해가 되시나요? 억제인자가 작동 유전자에 결합한 탓에 RNA 중합효소가 프로모터와 결합할 수 없게 되면서 오페론의 전사가 억제되고 있습니다.

Step 3 글루코스가 없으며 락토스가 존재하는 환경에서는 어떻게 될까? 아래의 그림을 살펴봅시다!

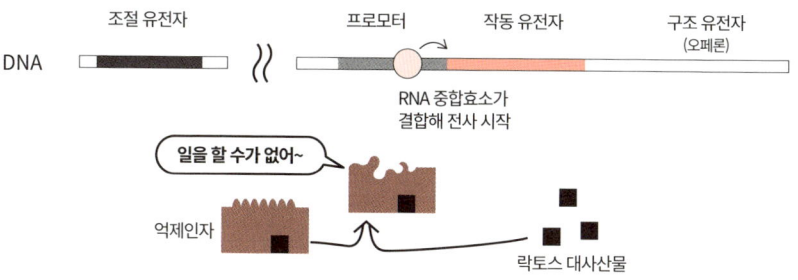

락토스에서 대사된 물질(락토스 대사산물)이 억제인자와 결합합니다. 그러면 억제인자는 작동 유전자에 결합할 수 없게 되죠.

억제가 풀리니까 오페론이 전사될 수 있어지겠네요!!

 훌륭해요! 락토스 오페론과는 다른 형식으로 조절되는 오페론도 있지만 Step 1에서 알아본 '결국 어떤 상황에서 전사되는가?'에 대한 결론을 확인한 다음, 이치에 맞게끔 이론을 세워나간다면 문제없을 거예요.

4 진핵생물에서의 유전자의 발현 조절

 포크와 나이프는 식사를 할 때 꺼내고 평소에는 넣어두죠?

 또 이상한 비유를 드시네요.

 대놓고 어이없어 하다니…….

❶ 염색체의 구조와 전사 조절

진핵생물의 DNA는 **히스톤** 등에 감겨서 **뉴클레오솜**을 형성하고, 이 뉴클레오솜이 접혀서 **크로마틴**(크로마틴 섬유)이라는 구조를 형성합니다. 세포 분열이 일어날 때는 한층 더 응집되어 염색체로서 관찰할 수 있게 되죠(아래 그림).

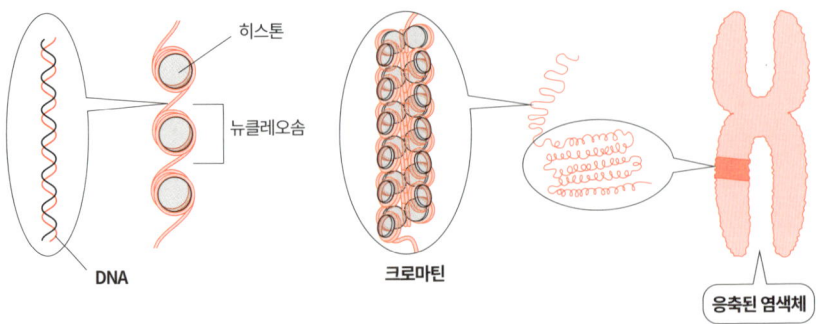

뉴클레오솜이 접혀서 크로마틴이 된 상태에서는 RNA 중합효소가 프로모터에 접근하지 못해 전사가 시작되지 않습니다. 크로마틴이 풀리면 RNA 중합효소가 프로모터와 결합할 수 있게 되고, 전사가 시작됩니다(아래 그림).

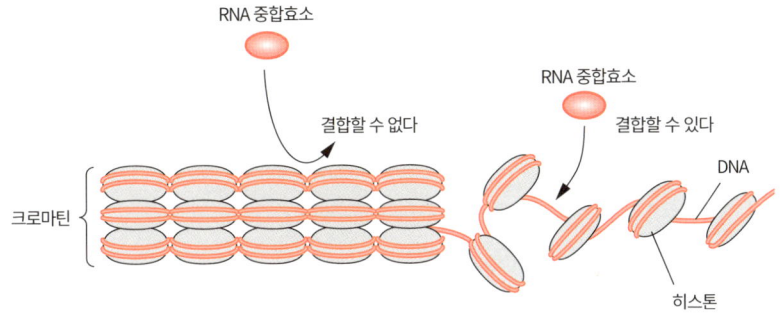

❷ 기본전사인자

애당초 진핵생물의 RNA 중합효소는 단독으로는 프로모터와 거의 결합할 수 없습니다! 진핵생물의 RNA 중합효소는 **보편전사인자**라는 단백질과 **전사복합체**를 형성해 프로모터와 결합합니다.

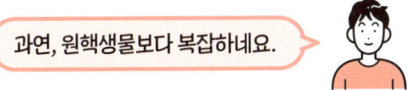

유전자에서 더욱 떨어진 장소에는 **전사조절영역**이 있는데, 전사조절영역의 특정 장소에는 정해진 활성인자나 억제인자(⇒p.90)가 결합합니다.

유전자를 얼마나 전사할지는 전사조절영역에 결합한 조절 단백질(활성인자와 억제인자)의 종류에 따라 정해집니다. 전사조절영역에 조절 단백질이 결합하면 DNA는 역동적으로 휘어지고, 조절 단백질은 전사복합체와 결합해서 작용합니다(다음 페이지 그림).

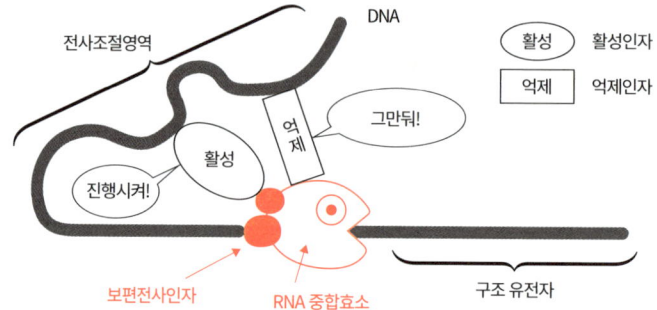

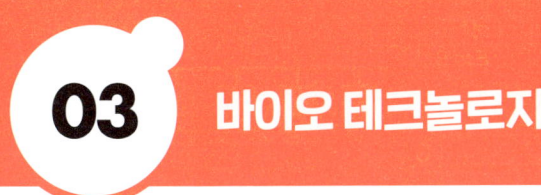

03 바이오 테크놀로지

 다음은 바이오 테크놀로지예요!

 만세!

 오! 자신 있는 분야인가요?

아뇨, 자신은 없지만 '최첨단 기술을 공부하고 있어!'라고 하면 멋있잖아요♪

생물이 가진 기능을 활용하는 기술을 가리켜 <u>바이오 테크놀로지</u>라고 합니다. 가장 먼저 <u>유전자 재조합!</u> 특정 유전자가 포함된 DNA 단편을 다른 DNA에 연결해서 세포에 도입하는 기술을 말합니다. 이 기술을 실시할 때 중요한 효소가 <u>제한효소</u>와 <u>DNA 연결효소</u>입니다.

❶ 제한효소

제한효소는 특정 염기서열을 식별해 그 부분을 <u>절단하는 효소</u>입니다. DNA를 적당히 절단하는 것이 아니라, 정해진 부위를 절단할 수 있으므로 아주 중요하죠!

 예를 들어, 대장균이 가진 *Eco* R I이라는 제한효소는 5'GAATTC3'이라는 염기서열을, *Hind* III이라는 제한효소는 5'AAGCTT3'라는 염기서열을 인식해서 특정 뉴클레오타이드 사이의 결합을 절단합니다(오른쪽 그림).

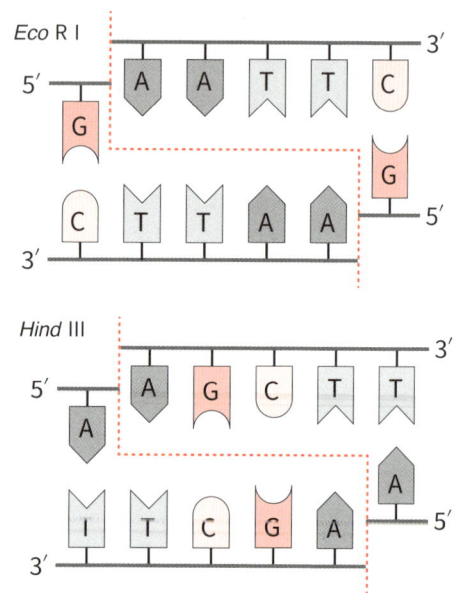

오른쪽 그림처럼 제한효소의 단면에서는 한 가닥 사슬 부분이 생겨나는 경우가 많습니다. 같은 제한효소의 단면끼리는 한 가닥 사슬 부분이 상보적이므로 결합시킬 수 있지만, 이 부분의 배열이 상보적이지 않은, 다른 제한효소에 의한 절단면과는 결합시킬 수 없습니다.

같은 제한효소의 절단면이라면 가만히 내버려두어도 알아서 결합하나요?

❷ DNA 연결효소

상보적인 한 가닥 사슬 부분끼리는 알아서 수소결합할 수 있지만, 그러려면 사슬을 연결해야만 합니다! 사슬을 연결하는 효소가 바로······.

DNA 연결효소랍니다!

제한효소의 두 단면이 상보적인 염기서열이어서 수소결합을 형성하면 DNA 연결효소가 사슬을 이어서 연결해줍니다(아래 그림). 그에 따라 재조합 DNA를 만들어낼 수 있습니다. DNA 연결효소를 '풀'에 빗대는 경우가 있다는 사실도 납득이 가죠.

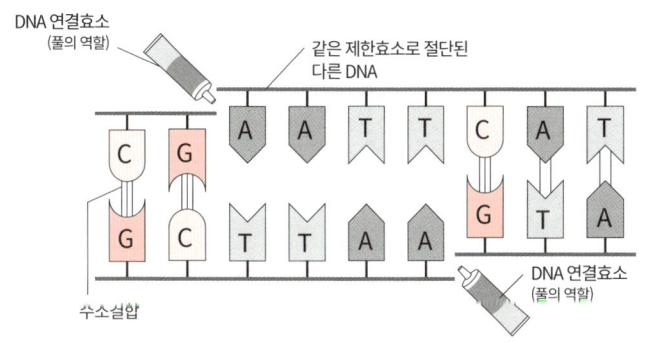

 DNA 연결효소는 DNA를 복제할 때 만들어지는 오카자키 절편을 연결해 지연가닥을 만드는 효소랍니다!
사슬을 연결하는 이 성질을 유전자 재조합에 이용하는 것이죠.
그야말로 바이오 테크놀로지♪

❸ 벡터

그럼 이제 유전자를 세포에 도입해봅시다! 세포에 유전자를 단독으로 쏘옥~ 집어넣는다 해서 그 유전자가 세포 안에서 쉽게 발현되지는 않습니다. 그래서 유전자는 벡터라고 불리는 DNA에 연결시킨 뒤 도입시키는 경우가 많습니다.

 벡터는 라틴어로 '나르다'라는 의미인 vehere에서 유래한 말입니다.
세포 안에서 유전자를 나르는 운반자죠!

대장균 같은 세균의 세포 안에 있는 플라스미드라는 작은 고리형 DNA나 바이러스의 DNA 등이 벡터로 사용되는 경우가 많습니다.

예를 들어, 사람의 유전자 *I*를 대장균에 도입해 대장균에게 단백질 I를 만들게 하는 방법은 아래와 같습니다.

> ❶ 유전자 *I*를 **제한효소**로 절단한다.
> ❷ **플라스미드**를 동일한 제한효소로 잘라낸다.
> ❸ **DNA 연결효소**로 ❶과 ❷에서 생겨난 단편을 연결해 재조합 플라스미드를 만든다.
> ❹ **재조합 플라스미드**를 대장균에 집어넣는다.

❶~❹가 모두 원활하게 진행되었다면 유전자 재조합 대장균을 얻을 수 있는데, 이 대장균이 증식해 유전자 *I*를 발현시키면서 대량의 단백질 I를 얻을 수 있습니다(아래 그림).

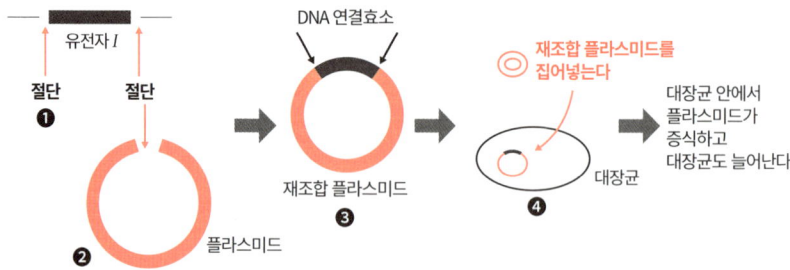

'❶~❹가 모두 원활하게 진행되었다면'이라는 표현이 마음에 걸리네요.

그렇죠. 유전자 재조합은 꽤나 성공률이 낮습니다. ❸에서 재조합 플라스미드가 생겨나지 않는 경우도 있고, ❹에서 대장균이 플라스미드를 받아들이지 않는 경우도 많죠.

아그로박테리움이라는 세균은 식물세포에 감염되면 자신의 플라스미드 안에서 특정한 영역을 식물세포에 보내 식물세포의 DNA에 삽입시키는 성질을 갖고 있습니다. 그래서 식물에 유전자를 도입할 경우에는 아그로박테리움을 벡터로 사용하는 경우가 많습니다.

한편, 동물세포에 유전자를 도입할 경우에는 미세 피펫으로 재조합 DNA를 직접 핵에 주입하거나 바이러스를 벡터로 이용하는 경우가 많습니다.

이러한 방법으로 외부에서 유전자가 도입되어서 발현된 생물은 트랜스제닉 동식물이라고 합니다.

❹ 유전자 재조합의 응용

마지막은 유전자 재조합 기술의 응용입니다! 일본의 시모무라 오사무가 발견한 GFP라는 초록색 형광을 띠는 단백질을 이용하죠.

예를 들어, 조사하고 싶은 유전자(←유전자 X라고 하겠습니다)의 뒤에 GFP 유전자를 융합시킨 유전자를 도입하면 유전자 X에서 만들어지는 단백질 X에 GFP가 결합한 융합 단백질이 만들어지는데, 여기에 청백색 빛을 비추면 형광 초록색으로 빛납니다.

'어디에 형광 초록색이 보이는지'를 조사하면
'어디에 단백질 X가 존재하는지'를 알 수 있죠.

재조합 플라스미드를 대장균에 집어넣으면······

대장균이 유전자를 불려주겠죠.

그랬었죠. 하지만 이번에는 생물의 '힘'을 빌리는 대신 화학적으로 유전자를 불려볼 거예요.

유전자를 훨씬 간단하게 불릴 수 있겠네요.

❺ PCR법

생물의 '힘'을 사용하지 않고 DNA 중합효소를 이용해 DNA의 특정 부분을 증폭하는 기술로 PCR법(중합효소 연쇄 반응법)이 있습니다. 염기서열의 해석 등을 할 때 빼놓을 수 없는 기술이죠.

굉장한 기술이지만 원리는 무척이나 간단하답니다.

PCR법에서 필요한 재료는 주형이 될 DNA 외에 DNA 중합효소와 뉴클레오타이드(DNA의 재료), 그리고 (DNA로 이루어진) 프라이머입니다. PCR법에서는 90℃ 이상으로 가열하는 과정이 있으므로 DNA 중합효소는 호열균이라는 원핵생물이 가진, 열에 강한 특수한 효소를 사용합니다!

PCR법의 흐름

PCR법의 순서입니다! 오른쪽 페이지 그림을 보며 읽어봅시다.

❶ 재료를 넣은 혼합액을 약 95°C로 가열해서 주형 DNA의 염기 간 결합을 절단해 DNA를 한 가닥 사슬 상태로 만든다.
❷ 약 55°C로 식혀서 주형이 되는 DNA에 프라이머를 결합시킨다.
❸ PCR법에서 사용하는 DNA 중합효소의 최적 온도인 약 72°C의 조건에서 프라이머를 기점으로 신생가닥을 합성시킨다.
❹ 위의 ❶~❸을 반복한다.

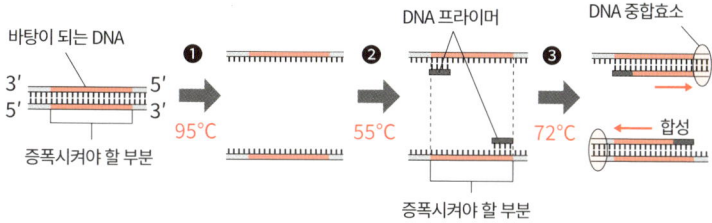

아래의 그림은 위에서 소개한 PCR법의 순서 ❶~❸을 3사이클 반복한 모식도입니다.

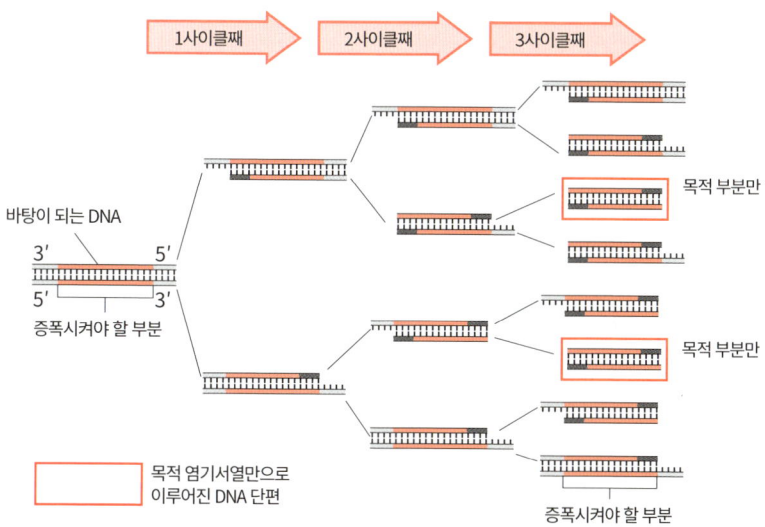

3사이클 반복한 뒤의 상태에 주목합시다! 프라이머에 끼인 영역만을 포함하는 DNA(증폭시켜야 할 부분만이 포함된 DNA)가 만들어져 있죠? 위에서 3번째와 6번째 DNA 말이에요.

4사이클 이후에서는 이 증폭시켜야 할 부분만이 포함된 DNA가 지수함수적으로 쑥쑥 불어납니다. 즉, 'PCR법은 증폭시켜야 할 부분만이 포함된 DNA를 지수함수적으로 불리는 기술'인 셈입니다.

또한 DNA 중합효소는 신생가닥을 3'말단 방향으로만 신장시킵니다. 그래서 PCR법의 경우에는 증폭시켜야 할 부분의 각 사슬의 3'말단 쪽에 상보적으로 결합하는 한 가닥 사슬 DNA를 프라이머로 사용하는 것입니다!

자, 기본적인 PCR법은 이러합니다만, PCR법은 계속 개량되어 새로운 패턴의 PCR법이 개발되고 있습니다. 예를 들어, 역전사효소라는 효소로 mRNA를 주형 삼아 DNA(←이처럼 만들어낸 DNA를 cDNA라고 합니다)를 만들어내, 여기서 PCR법으로 유전자를 증폭시키는 방법 등이 있습니다.

4장 생식과 발생

하나의 수정란에서 복잡한 몸을 만들어내는
굉장한 구조

모든 생물이 공통적으로 갖는 특징 중 하나가 바로 '생식을 한다'입니다. 즉, 자손을 남긴다는 뜻이죠. 당연한 일이지만 생각해보면 신기하고 놀라운 일입니다.

부모의 유전정보를 고스란히 자손이 물려받는다는 사실도 놀랍고, 하나의 수정란에서 이토록 복잡한 몸을 정확하게 만들어낸다는 사실도 감동 그 자체죠! 대학 입시 때 생식과 발생 분야에서는 '유전의 계산'이나 '발생의 고찰' 등 꽤나 어려운 문제가 출제되기에 피해 의식을 갖는 수험생이 많은 분야입니다. 하지만 시험을 위해서가 아니라 교양으로서 공부할 경우, 계산 연습 따위는 필요가 없겠죠. 편하게 읽어주세요. 또한 요즘은 인터넷을 찾아보면 발생에 관련된 다양한 동영상이 많습니다. 요즘 청년들은 관심이 있으면 인터넷을 통해 실제 영상을 보며 공부를 합니다. 10년, 20년 전에는 상상도 할 수 없는 일이었죠. 모처럼 기회가 생겼으니 요즘 청년들처럼 관심이 생긴 내용에 대해서는 인터넷으로 실제 영상을 찾아보면 좋지 않을까요. 발생 분야는 특히 동영상을 보면 더욱 깊게 이해할 수 있는 분야입니다.

4장에서는 생식세포가 정확하게 만들어지는 구조, 수정란에서 몸이 형성되는 구조를 소개하겠습니다. 그리고 포유류의 발생 구조를 배우는 과정에서 iPS 세포에 대해서도 이해할 수 있게끔 해설하려 합니다.

01 생식세포가 만들어지는 과정

1 염색체와 유전자

 염색체에는 DNA가 포함되어 있습니다.

DNA에는 유전자가 여기저기 흩어져 있는 거였죠?

 맞아요! 3장에서 배웠죠.

사람의 유전자는 약 20,500개라고 배웠어요!

❶ 염색체의 구성

사람처럼 유성생식을 하는 생물의 체세포에는 크기나 생김새가 동일한 염색체가 2개씩 쌍을 이루어 포함되어 있은데, 이 쌍을 이루는 염색체를 <u>상동염색체</u>(⇒p.68)라고 합니다. 상동염색체 한 쌍에서 한 쪽은 아버지로부터, 나머지 한 쪽은 어머니로부터 물려받은 것이죠.

이처럼 체세포에는 아버지로부터 유래한 염색체 1벌과 어머니로부터 유래한 염색체 1벌, 합쳐서 2벌의 염색체가 있습니다. <u>이 염색체 세트를 1벌 가진 상태를 n, 2벌 가진 상태를 $2n$으로 나타냅니다.</u>

배우자*는 n이라는 거네요!

* 配偶子, 정자와 난자를 통칭해 부르는 말 - 옮긴이

사람의 체세포에는 보통 2벌, 46개의 염색체가 있습니다. 즉, 사람의 염색체 1벌은 23개라는 뜻이죠. 그리고 사람의 체세포 속 염색체의 구조는 $2n=46$으로 나타냅니다.

'염색체가 2벌 있습니다. 46개예요!'라는 뜻이죠.
또한 정자나 난자는 $n=23$으로 나타냅니다.

아래에 나와 있는 사람의 염색체 23쌍을 자세히 살펴봅시다.

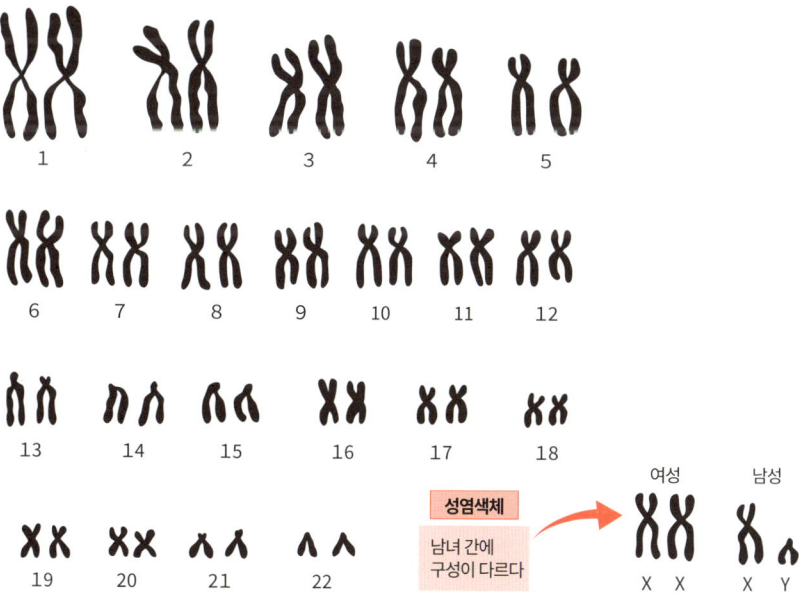

사람의 체세포에 포함된 염색체 중, 남녀 간에 구성이 다른 2개를 **성염색체**라고 부릅니다. 성염색체는 성별의 결정에 관여합니다. 성염색체를 제외한 22쌍(=44개)의 염색체는 남성과 여성 모두 공통이므로 **상염색체**라고 부르죠.

남녀 모두 갖고 있는 성염색체를 **X염색체**, 남성만 갖고 있는 성염색체를 **Y염색체**라고 합니다. 다른 포유류나 초파리 등도 사람과 똑같은 성염색체로 구성되어 있답니다.

❷ 염색체와 유전자

염색체의 어디에 어떤 유전자가 존재하는지는 생물에 따라 정해져 있습니다! 유전자가 있는 장소를 <u>유전자 자리</u>라고 합니다. 하나의 유전자 자리에는 정해진 <u>형질</u>(←'꽃의 색깔', '씨앗의 생김새' 등의 특징)에 관한 유전자가 존재합니다. 하나의 유전자 자리에 서로 다른 유전자(←'빨간 꽃 유전자'와 '하얀 꽃 유전자' 등)가 존재할 경우, 이것들은 <u>대립유전자</u>라고 합니다.

같은 형질에 대한 서로 다른 유전자가 바로 대립유전자입니다! 예를 들어…… '동그란 씨앗의 유전자'와 '주름진 씨앗의 유전자'가 대립유전자인 셈이죠.

❸ 유전자형

각 개체나 세포가 유전자를 어떻게 갖고 있는가, 다시 말해 대립유전자의 조합을 <u>유전자형</u>이라고 합니다. 상동염색체의 대응하는 유전자 자리에는 대립유전자가 있

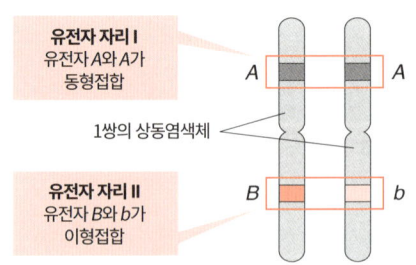

유전자 자리 I
유전자 A와 A가 동형접합

1쌍의 상동염색체

유전자 자리 II
유전자 B와 b가 이형접합

<u>으므로 체세포는 하나의 형질에 대해 유전자를 2개씩 갖게 됩니다.</u> AA나 aa처럼 같은 유전자를 2개 가진 상태를 <u>동형접합</u>, Aa처럼 다른 대립유전자를 가진 상태를 <u>이형접합</u>이라고 합니다(위 그림). 그리고 동형접합인 세포나 개체를 <u>동형접합체</u>, 이형접합인 세포나 개체를 <u>이형접합체</u>라고 합니다.

정자나 난자 등의 배우자는 1개의 형질에 대해 유전자를 1개밖에 갖고 있지 않아요!

모두 어딘가에서 들어본 적이 있는 용어네요! 다행히 의미를 제대로 알고 있었어요♥

2 감수분열

정자나 난자가 가진 염색체의 수는 체세포의 절반이죠? 어떻게 정확히 절반이 되는 건가요?

그런 점에 의문이나 흥미를 갖고 공부한다면 감수분열은 확실하게 이해할 수 있답니다.

이 단원을 공부하면 수수께끼가 풀린다는 거네요♪

우선 개요를 알아봅시다! $2n$의 세포에서 n의 세포를 만들어내는 분열이 바로 <u>감수분열</u>입니다. 감수분열에서는 2번의 분열이 일어나므로 1개의 세포에서 4개의 세포가 생겨나죠.

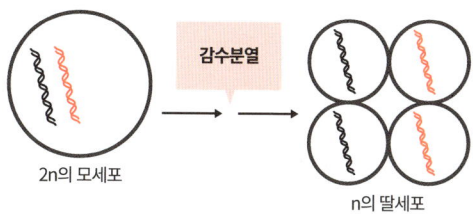

❶ 제1분열

2회의 분열 중 첫 번째, 두 번째를 각각 **제1분열**, **제2분열**이라고 합니다. 그럼 감수분열의 과정을 확인해봅시다. 우선 제1분열부터!

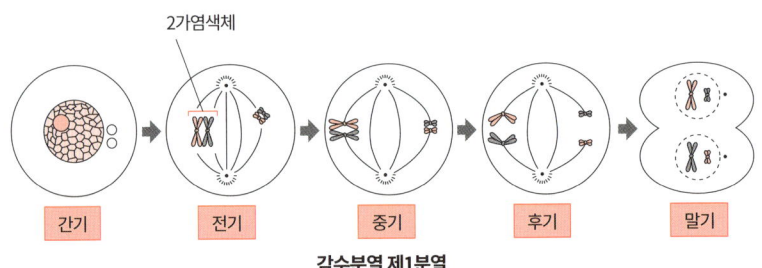

감수분열 제1분열

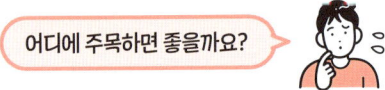

전기에 핵막이 사라지고, 후기에 염색체가 이동하고…… 전체적으로는 체세포 분열과 비슷하네요. 따라서 중요한 점은 '체세포 분열과 어디가 다를까?'입니다.

전기에는 상동염색체끼리 나란히 접착(←이것을 대합이라고 합니다)되어 **2가염색체**를 이룹니다.

오른쪽 그림은 2가염색체의 모식도입니다. 2가염색체에는 DNA가 4개 포함되어 있으며, 대합된 상동염색체 사이에서 염색체의 부분적인 교환이 일어나는 경우가 많은데, 이를 **교차**라고 합니다. 염색체가 교차되는 부분을 키아스마라고 하죠.

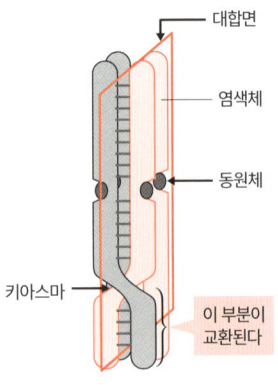

중기에는 2가염색체가 방추체의 적도면에 정렬하고, 후기에는 상동염색체가 대합된 면에서 분리되어 이동합니다. 그리고 말기에는 세포질 분열이 일어납니다.

> 한 번은 상동염색체 쌍이 나란히 붙기 때문에 실수 없이 정확하게 염색체 수를 절반으로 나눌 수 있는 것이랍니다.

❷ 제2분열

그럼 제2분열입니다! 제1분열이 끝나면 DNA의 복제를 하지 않고 제2분열에 들어갑니다.

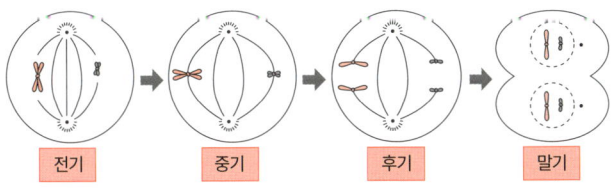

전기 | 중기 | 후기 | 말기

감수분열 제2분열

> 체세포분열과 비슷하네요?

맞아요! 체세포분열과 큰 차이는 없답니다. 전기에 염색체가 출현하고, 중기에 염색체는 방추체의 적도면에 정렬하고, 후기에는 염색체가 분리되어 이동하죠. 그리고 말기에 세포질분열이 일어납니다.

> 감수분열의 제1분열이 끝난 시점에서 염색체는 쌍을 이루지 않으므로 염색체의 구성은 2n에서 n이 됩니다.

❸ 감수분열과 DNA 양의 변화

감수분열에서는 간기에 DNA를 복제해서 DNA 양을 배가시킨 다음 연속으로 2회의 분열을 실시합니다. 제2분열에서는 DNA를 복제하지 않으므로 세포당 DNA양은 절반이 됩니다. 따라서 감수분열에 따른 세포당 DNA 양의 변화를 나타낸 그래프는 아래 그림과 같습니다. 또한 그래프 세로축의 DNA 양은 상대치로, 감수분열이 시작되기 전, 간기인 G_1기에서의 DNA 양을 1C로 봅니다.

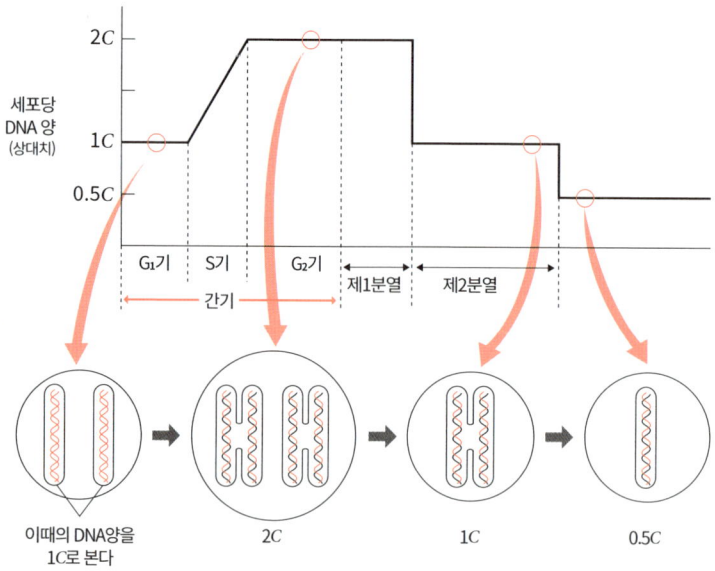

감수분열에 따른 DNA 양의 변화

④ 감수분열과 염색체의 조합

상동염색체는 감수분열을 통해 서로 다른 생식세포로 분배되는데, 각각의 상동염색체는 무작위하게 분배됩니다. 예를 들어, 2n=4의 생물에서 상동염색체 사이에서의 교차가 일어나지 않는 경우, 생겨나는 생식세포에는 2^2=4, 네 가지의 염색체 조합이 생겨납니다(아래 그림).

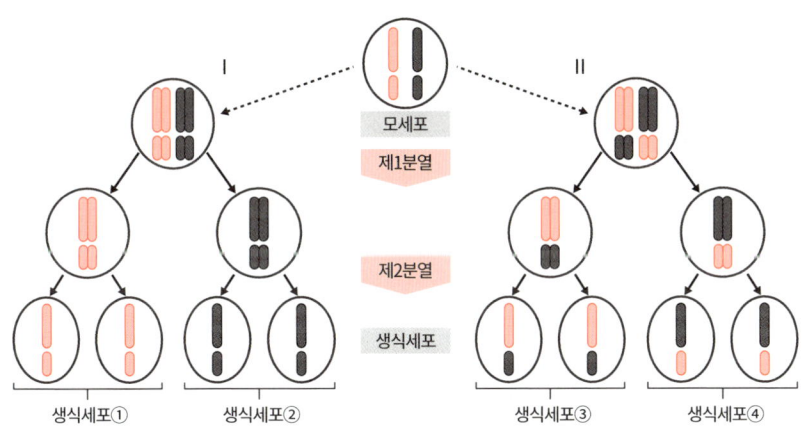

2n=4인 생물의 경우, I과 II라는 두 패턴의 분열을 생각해볼 수 있습니다.
이들 세포에서 생겨나는 생식세포의 염색체 조합은 네 가지가 됩니다.

사람이 가진 체세포의 염색체 구성은 2n=46, 그렇다면 염색체 조합은 몇 가지나 될까요?

2×2×······그렇다면 2^{23}가지나 되네요.

맞아요, 무려 약 840만 가지!
감수분열에 따라 다양한 생식세포가 만들어진답니다.

❺ 독립과 연관

하나의 염색체에는 다수의 유전자가 존재합니다. 복수의 유전자가 동일 염색체에 존재하는 관계를 연관이라고 합니다. 한편 서로 다른 염색체에 존재하는 관계를 독립이라고 하죠. 오른쪽 그림의 경우 $A(a)$와 $B(b)$의 관계가 연관, $A(a)$와 $D(d)$의 관계가 독립입니다.

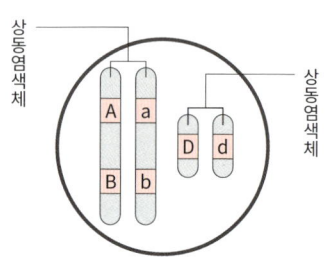

독립된 $A(a)$와 $D(d)$에 주목해보면 A와 a, D와 d가 무작위하게 배우자에게 분배되므로 배우자의 유전자형(←갖고 있는 유전자의 조합)은 $AD : Ad : aD : ad =$ 1:1:1:1로, 모든 조합이 평등해질 것으로 기대됩니다.

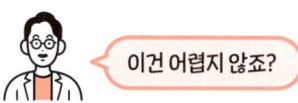
이건 어렵지 않죠?

❻ 재조합

연관된 $A(a)$와 $B(b)$에 주목할 경우, 교차가 일어나지 않는다고 한다면 A와 B, a와 b가 항상 같은 배우자에게 분배됩니다. 하지만 이들 유전자 자리 사이에서 교차가 일어났을 경우, A와 b, a와 B를 가진 배우자도 생겨납니다. 이처럼 교차 결과, 연관된 유전자의 조합이 변하는 현상을 재조합이라고 합니다.

그리고 만들어진 배우자 중에서 재조합이 일어난 염색체를 가진 배우자의 비율(%)을 재조합값이라고 합니다.

$$\text{재조합값} = \frac{\text{재조합을 일으킨 배우자의 수}}{\text{모든 배우자의 수}} \times 100$$

 재조합값이 50%를 넘는 경우는 없습니다!

교차는 2가염색체를 구성하는 4개의 염색체 중 2개 사이에서 일어납니다. 따라서 나머지 2개의 경우는 연관된 조합이 변하지 않습니다(오른쪽 그림). 그러므로 재조합을 일으킨 배우자가 더 많아지는 일은 없습니다.

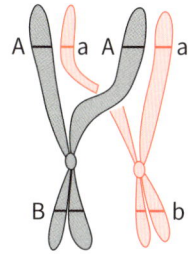

교차의 이미지

3 정자와 난자의 형성

 좋아하는 초밥은 뭔가요?

 성게알 초밥이요!

 아하, 성게의 미성숙란(n) 말이군요!

 표현이 좀…… n이라니, 맞긴 한데(ㅎㅎ)

동물의 정자와 난자는 **시원생식세포**(2n)라는 세포에서 생겨납니다. 시원생식세포는 발생(←몸을 형성하는 과정) 초기부터 체내에 존재하고 있는데, **정소**나 **난소**가 생겨나면 그곳으로 이동해 각각 **정원세포**(2n), **난원세포**(2n)가 됩니다.

 정자도 난자도 원래는 같은 세포였군요.

❶ 정자의 형성

그럼 정자가 형성되는 모습(아래 그림)을 알아봅시다!

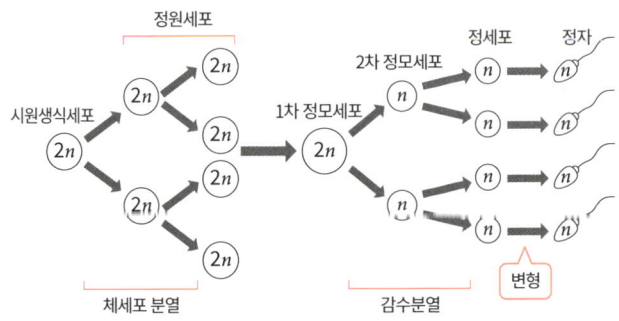

　시원생식세포가 정소로 들어가 정원세포가 되면 체세포분열을 되풀이해 증식합니다. 그리고 일부의 정원세포가 1차 정모세포(2n)로 변해 감수분열을 시작합니다.
　1차 정모세포가 감수분열에서 제1분열을 마치면 2차 정모세포(n)가 되고, 이어서 제2분열을 마치면 정세포(n)가 됩니다. 그리고 정세포가 변형되어 배우자인 정자(n)가 되죠.

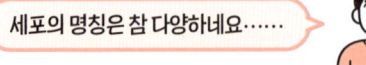

　정세포에서 정자로 변하는 모습을 살펴봅시다.
　정세포의 중심체에서 편모가 뻗어 나오고, 편모의 뿌리 쪽에 미토콘드리아가 모입니다. 이어서 골지체의 작용으로 단백질 분해효소 등이 포함된 선체라는 자루 형태의 구조가 만들어지죠. 그리고 많은 세포질을 잃고 날씬해지면서 정자가 완성됩니다! 완성된 정자는 핵과 선체를 지닌 머리, 중심체와 미토콘드리아를 지닌 중편부, 편모로 이루어진 꼬리로 구성되어 있습니다(아래 그림).

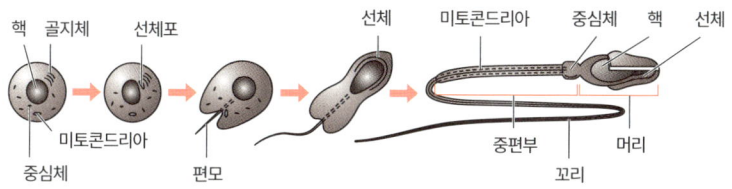

❷ 난자의 형성

이어서 난자의 형성입니다!

 정자의 형성 과정에서 등장했던 세포와 명명 방식이 똑같으니 이해하기 쉬울 거예요!

시원생식세포에서 난소로 들어가 난원세포가 되면 체세포분열을 반복해 증식합니다. 그리고 일부의 난원세포가 1차 난모세포(2n)로 변해 감수분열을 시작합니다. 1차 난모세포는 난황, mRNA, 리보솜 등을 축적하며 성장합니다. 난자 형성 과정의 감수분열에서는 세포질이 불균등하게 분배됩니다. 따라서 1차 난모세포는 커다란 2차 난모세포(n)와 작은 제1극체(n)가 되고, 2차 난모세포는 커다란 난자(n)와 작은 제2극체(n)가 됩니다(다음 페이지 그림).

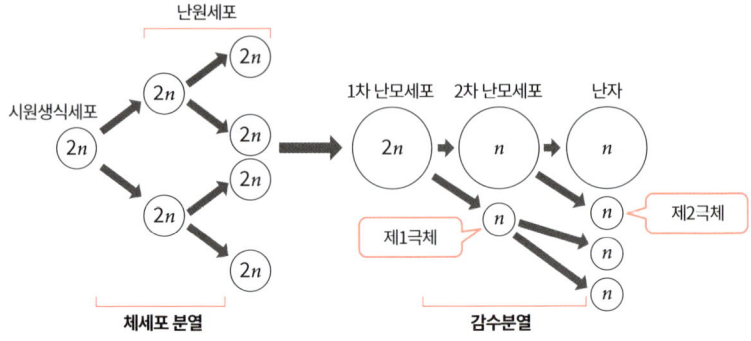

02 수정란에서 몸이 만들어지는 과정

1 수정과 난할

수정란은 다소 독특한 체세포 분열을 시작합니다.

간기가 없나요?

아뇨, DNA 복제도 해야 하는데 간기가 없으면 큰일이죠.

으음, 그럼 뭘까……

❶ 난자의 종류와 난할

수정란에서 시작되는 발생 초기의 체세포 분열은 특히 <u>난할</u>이라고 하는데, 난할에서 생겨나는 딸세포는 <u>할구</u>라고 합니다. 난할에는 몇 가지 특징이 있죠.

　동물의 난자에서 극체가 생겨나는 위치를 <u>동물극</u>, 반대편을 <u>식물극</u>이라고 합니다. 또한 난황의 양이나 분포의 차이에 따라 알(난자)은 <u>등황란</u>, <u>단황란</u>, <u>심황란</u>으로 나뉩니다.

　<u>등황란</u>은 난황이 적고 균등하게 분포되어 있는 알로, 성게 등 극피동물이나 포유류의 난자가 이 형태입니다. <u>단황란</u>은 난황이 한 쪽으로 치우친 알로, 양서류, 어류, 조류 등이 이 형태입니다. <u>심황란</u>은 대부분의 난황이 중심부에 분포한 알로, 곤충이나 갑각류의 알이 이 형태입니다.

> 난황이 분포된 형태가 그대로 이름의 유래가 되었답니다.

난할은 난황이 많은 부분에서는 잘 일어나지 않으므로 난황의 양과 분포는 난할의 방식에 영향을 줍니다. 등황란은 8세포기까지 등할을 실시하고, 8세포기에는 같은 크기의 할구가 생겨납니다. 양서류의 단황란에서는 식물극체에 난황이 더 많으므로 8세포기 이후로 식물극체의 할구가 더 커집니다(아래 그림).

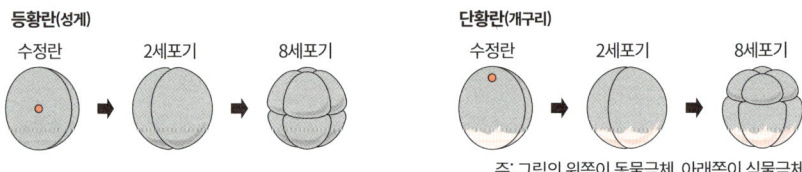

주: 그림의 위쪽이 동물극체, 아래쪽이 식물극체

어류, 조류 등의 단황란은 난황이 양이 매우 많아 동물극 주변 이외에 분포해 있으므로 동물극 주변에서만 세포질 분열이 불완전한 채로 난할이 진행됩니다.

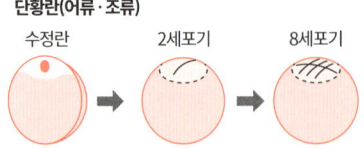

> 난황이 분포된 형태와 양이 난할 방식과 대응되니까 간단하네!

마지막으로 곤충 등의 심황란은 처음에는 핵만 분열합니다. 이후, 대부분의 핵이 표층으로 이동해서 세포질 분열을 합니다. 그 결과, 표면은 세포층, 내부는 다핵세포인 상태가 됩니다. 이러한 난할을 표할이라고 합니다. 초파리의 발생에 대해서는 131페이지에 자세히 해설하겠습니다.

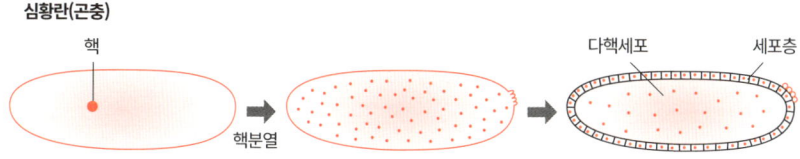

❷ 난할의 특징

일반적인 체세포 분열에서는 딸세포가 모세포와 같은 크기로 성장한 뒤 다음 분열을 진행합니다. 한편 난할의 경우에는 간기에 할구가 성장하지 않은 채 다음 난할을 시작하므로 난할이 진행됨에 따라 할구가 작아집니다.

난할에서는 간기인 G_1기나 G_2기를 거르는 경우도 있기 때문에 간기가 짧습니다. 따라서 난할의 세포주기는 일반적인 체세포 분열의 세포주기보다도 짧다는 특징이 있습니다.

 DNA의 복제를 하지 않을 수는 없으니 S기는 있기 때문에 간기는 있습니다!

 '간기가 짧다'였으면 정답이었네요. 아쉬워라……

 아이고, 아까웠네요.

2 초기 발생(개구리의 사례)

개구리의 발생은 암기보다 상상력이 중요합니다!

상상력이요?

3차원 물질[=개구리의 배(胚)]의 단면도나 다른 방향에서 바라본 모습 등을 상상하는 힘! 머리를 써야 하는 분야랍니다!

그렇군요! 닥치는 대로 그림을 외우는 게 아니구나! 다행이다.

❶ 수정에서 포배

개구리의 미수정란(=2차 난모세포)은 동물극 쪽이 거무스름한 색을 띠고 있습니다. 정자는 동물극 쪽에서 진입합니다. 그러면 표층 회전(⇒p.130)이라는 현상이 일어나 정자 진입점의 반대편에 회색 영역이 생겨납니다. 이 영역이 바로 **회색초승달환**으로, 회색초승달환이 생겨난 쪽이 나중에 등쪽이 됩니다.

개구리의 제1난할은 동물극과 식물극을 통과해 회색초승달환을 양분하는 면에서 일어나는데, 이 면은 나중에 정중면(←몸의 좌우를 나누는 면)이 됩니다. 제2난할은 동물극과 식물극을 통과해 제1난할면과 수직인 면에서 일어나고, 제3난할은 적도면에서 살짝 동물극 쪽으로 치우쳐서 일어나는 부등할이 됩니다.

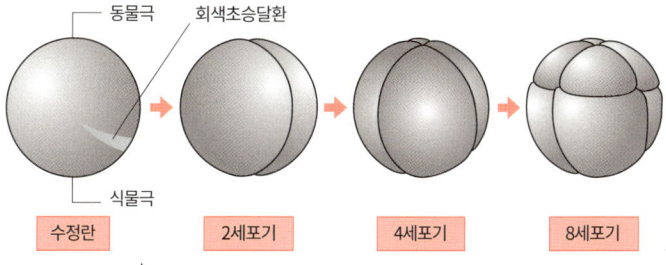

 그 다음에는 '상실배→포배'로 발생이 진행됩니다.

개구리의 포배는 포배강이 동물반구로 치우친 상태로 존재합니다.

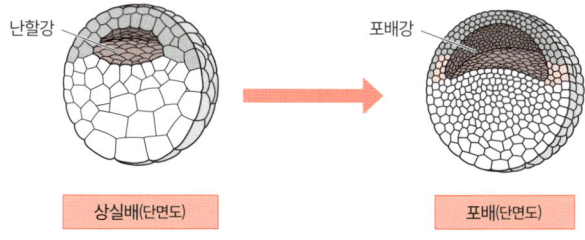

❷ 낭배

이후, 회색초승달환이 있었던 장소에서 약간 식물극 쪽에 원구가 생겨나고, 낭배가 됩니다. 그리고 원구에서 원장이 점점 뻗어 나오며 포배강이 작아지기 시작합니다. 원장의 끝부분이 동물극 부근의 외배엽과 접하면 그곳에서 훗날 입이 생겨납니다. 이때 원구보다 동물극 쪽의 세포는 배의 내부로 들어가면 반대로 접히며 배 표면을 떠받치게 됩니다(다음 페이지 그림 속 원장의 등쪽 색깔 부분). 그리고 원구의 좌우와 식물극 쪽에서도 함입(안쪽으로 빠져 들어감-옮긴이)이 일어나 원구가 납작하게 짓눌리며 원호를 그리는 듯한 형태가 됩니다. 이 원구로 둘러싸인 부분은 난황마개라고 하는데, 낭배 후기에서 뚜렷하게 관찰할 수 있습니다.

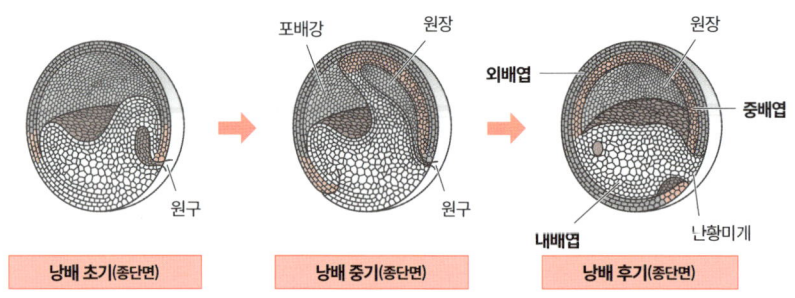

원구는 나중에 항문이 된다는 말이군요.

❸ 신경배

낭배 등쪽의 외배엽은 점차 평평해져서 신경판이 되고, 이후 뇌나 척추 등의 중추신경계로 분화되는 구조를 이룹니다. 신경판이 생겨나면 배는 신경배라고 불리게 됩니다.

신경판은 중앙이 움푹 패여 신경고랑이 되고, 신경고랑의 양쪽이 솟아나 이어지면서 신경관이 됩니다. 신경관의 배 쪽에 위치한 중배엽은 척삭이 되고, 그 양쪽의 중배엽은 체절, 그리고 콩팥분절, 측판이 됩니다. 또한 내배엽은 양쪽이 솟아나 이어지면서 장관(소화관)을 형성합니다(오른쪽 페이지 그림).

'삭(索)'은 새끼줄이라는 의미의 한자로, 새끼줄처럼 가늘고 긴 구조의 명칭에 자주 사용된답니다. '축삭'처럼요.

그렇군요! 움직임의 이미지를 파악하기 위해 유튜브에서 개구리의 발생 영상을 찾아볼게요!

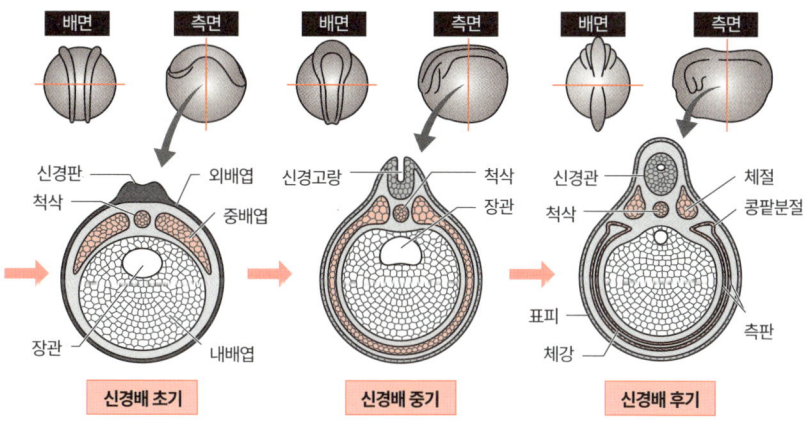

이 그림은 모두 배의 중앙 부분의 횡단면도로, 그림 위쪽이 등쪽이랍니다!

❹ 미아배에서 유생으로

신경관이 형성되면 배의 뒤쪽 끝부분이 늘어나 미아라는 구조가 생겨나고, 미아는 이윽고 꼬리가 됩니다. 이 시기의 배가 바로 미아배입니다. 미아배의 후기에 접어들면 마침내 헤엄을 치기 시작합니다! 바로 부화한답니다!

미아배가 부화하면 유생이 됩니다. 유생은 우리에게도 익숙한 '올챙이'랍니다. 유생이 되면 입이 열리고 먹이를 먹으며 성장합니다. 그리고 뒷다리, 앞다리 순으로 형성된 후 꼬리가 사라지고 성체인 개구리로 변태합니다. 변태 과정에서는 아가미호흡에서 폐호흡으로 바뀌거나 주된 질소배출물이 암모니아에서 요소로 바뀌기도 하죠.

아래에 나오는 미아배의 종단면도도 봐두도록 합시다! 그림의 왼쪽이 머리 쪽, 위쪽이 등쪽입니다.

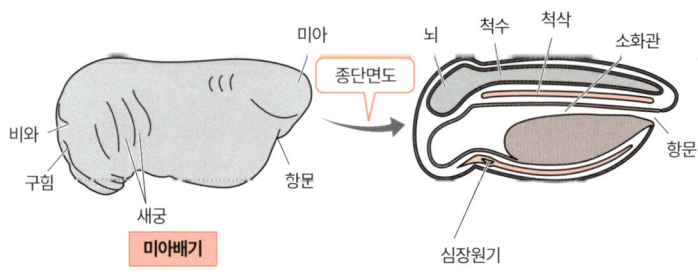

❺ 배엽의 분화

신경배의 외배엽에 주목하세요! 신경판과 표피 사이에는 신경관모라는 구조가 생겨납니다. 신경관모세포는 신경관이 생겨나면 신경관과 표피 사이에 위치하게 됩니다(오른쪽 그림).

이후 신경관모세포는 중배엽 사이를 지나 다양한 장소로 이동합니다! 그리고 교감신경, 피부의 색소세포, 부신수질 세포 등으로 다양하게 분화합니다.

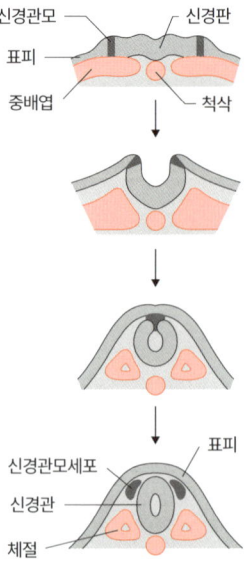

신경관모세포는 세포간의 접착에 필요한 **카드헤린**이라는 단백질을 갖고 있지 않기 때문에 세포가 뿔뿔이 흩어져서 이동할 수 있는 것이랍니다.

신경배의 각 부위에서 무엇이 생겨나는지에 대해 아래에 표로 정리해두었습니다!

외배엽	표피	피부의 표피, 수정체, 각막
	신경관모세포	교감신경, 피부의 색소세포, 부신수질 세포
	신경관	뇌, 척수, 망막
중배엽	척삭	퇴화한다
	체절	골격, 골격근, 피부의 진피
	콩팥분절	신장, 요관
	측판	심장, 혈관, 혈구, 평활근
내배엽		폐·기관의 상피, 소화관의 상피, 간, 췌장, 방광

03 사람의 몸은 어떻게 만들어질까?

1 사람의 발생

개구리의 발생은 알았는데……
사람의 발생에는 어떤 특징이 있나요?

사실 분자 단위로 보면 꽤나 공통점이 많답니다.
물론 어머니가 임신해서 출산한다는 결정적인 차이도 있죠.

❶ 수정란이 생겨나기까지

인간 여성은 태어났을 때 이미 감수분열이 시작된 상태로, 난소에는 감수분열이 정지된 1차 난모세포가 존재합니다. 사춘기가 되면 약 28일 주기로 성 호르몬의 분비가 변해 난소 안의 1차 난모세포 1개가 감수분열을 재개합니다. 그리고 2차 난모세포가 되면 배란되어 수란관으로 들어갑니다.

난세포가 아니라 2차 난모세포를 배란하는 거군요.

　2차 난모세포는 수란관 안에서 정자와 만나면 수정해 감수분열을 완료합니다. 그리고 난핵과 정핵이 합체하면서 비로소 수정란이 완성되죠!

❷ 수정란에서의 초기 발생

다른 동물과 마찬가지로 수정란은 난할을 시작합니다. 사람의 경우, 약 1주일

만에 **배반포**(오른쪽 그림)라는 상태가 됩니다. 개구리의 포배에 해당하는 시기죠. 배반포의 내부에는 이후 몸을 형성할 **속세포덩이**라는 세포가 있는데, 표층은 **태반** 등이 될 **영양아층**(영양외배엽)이라 불리는 세포층으로 이루어져 있습니다. 배반포는 **자궁**으로 이동해 착상하고 약 8주 후에 태아의 형태가 됩니다.

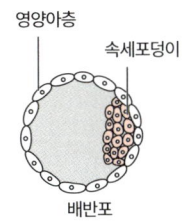

태아는 태반을 통해 모체로부터 산소나 영양분을 받으며 성장하다 수정으로부터 평균 약 9개월 만에 태어납니다.

2 새로운 연구(줄기세포)
❶ 속세포덩이에서 ES 세포가 만들어졌다!

속세포덩이에서 우리의 몸이 만들어진다는 것은 곧 속세포덩이가 몸의 여러 종류의 세포로 분화하는 능력(**다분화능**)을 갖고 있다는 말이 됩니다. 속세포덩이의 다분화능과 분열능을 유지한 상태에서 배양 가능한 세포로 확립된 것이 바로 **ES 세포**(배아줄기세포)입니다. ES 세포를 다양한 조건에서 배양하면 다양한 세포로 분화됩니다. 잘 배양해서 피부세포나 간세포를 만들면 피부이식이나 간세포이식에 사용할 수 있을지도 모르죠. 이처럼 결손된 조직에 대해 특정 세포를 만들어 이식하는 방법으로 그 기능을 회복시키는 의료행위를 **재생의료**라고 합니다.

꿈만 같은 의료기술이네요!

물론 굉장한 기술이지만 ES 세포를 만들어내려면 배반포에서 속세포덩이를 꺼내야 합니다. 사람으로 태어나야 할 배아를 파괴해 속세포덩이를 꺼내는 것이 옳은 일이냐는 윤리적인 문제가 지적되고 있죠.

❷ 그리고, iPS 세포가 만들어졌다!

일본의 야마나카 신야는 ES 세포에서 발현된 유전자 안에서 다분화능과 분열능을 가진 세포에 필요한 유전자를 특정해냈습니다. 그리고 이 유전자들을 피부의 세포에 도입해 발현시킨 결과, ES 세포와 마찬가지로 다분화능을 가진 세포가 만들어졌고, iPS 세포(유도만능줄기세포)라는 이름이 붙었죠.

> iPS 세포는 체세포에 유전자를 도입해서 만들어지는 거군요!

iPS 세포는 배아를 파괴하지 않고 환자의 체세포에서 만들 수 있기 때문에 윤리적 문제나 이식 시의 거부반응 문제도 회피할 수 있습니다. 또한 난치병 환자에게서 iPS 세포를 만들어서 질병의 원인을 해명하거나 약을 개발하는 연구 등에도 사용되고 있죠. 현재는 iPS 세포를 제작하는 방식도 개량된 덕분에 더욱 높은 확률로 안전한 iPS 세포를 만들 수 있게 되었답니다. 또한 iPS 세포를 만드는 데 필요한 시간을 단축하거나 비용을 삭감하기 위한 시행착오도 진행되고 있답니다.

04 몸을 만들어내는 구조

1 체축의 결정

대부분의 동물의 몸에는 등과 배, 좌우, 전후의 방향이 있습니다.

배 쪽이 앞쪽이죠?

사람의 경우는 배 쪽을 향해서 걷기 때문에 배 쪽이 앞쪽처럼 느껴지겠죠? 대부분의 동물은 머리 쪽을 향해서 나아가기 때문에 머리 쪽이 앞쪽이랍니다.

몸의 방향을 **체축**이라 하며, 등배축, 좌우축, 전후축의 세 가지 체축이 있습니다(아래 그림).

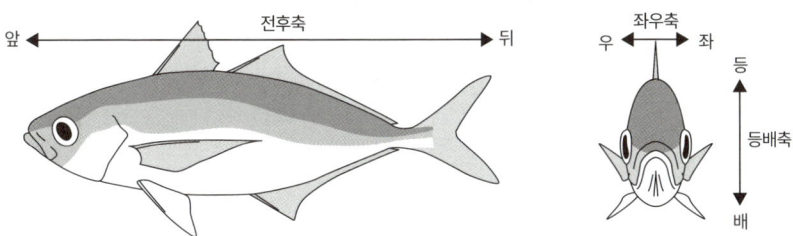

❶ 개구리의 등배축이 정해지는 과정

몸의 방향은 어떻게 정해지는 걸까요? 그런 건 생각해본 적이 없어요!

체축의 결정에는 난자의 세포질기질에 저장된 단백질이나 mRNA가 관여합니다. 이처럼 난자에 저장되어 발생에 영향을 미치는 물질을 모계인자라고 합니다. 마침 개구리의 발생에 대해 공부한 참이니 개구리의 체축이 결정되는 구조부터 설명하겠습니다.

개구리의 등배축은 정자가 진입하는 위치에 따라 정해집니다. 개구리의 난자 내부의 세포질 전체에는 β(베타) 카테닌이라는 단백질의 mRNA가, 표층 세포질의 식물극 부근에는 디셰벌드라는 단백질이 있습니다. 디셰벌드는 β 카테닌의 분해를 억제합니다.

정자가 진입하면 표층 세포질이 약 30° 회전해서 회색초승달환이 생겨납니다. 이때 디셰벌드 역시 회색초승달환 부분으로 이동합니다(아래 그림).

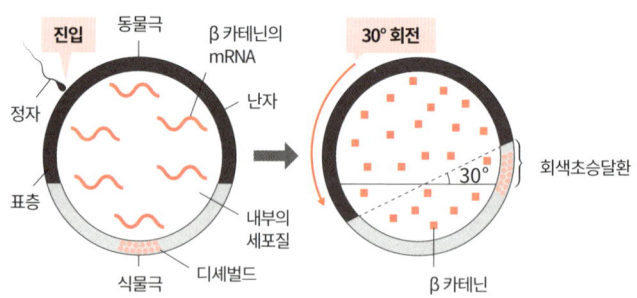

표층 회전이 일어나는 시기에는 합성된 β 카테닌이 전체에 분포되어 있지만, 디셰벌드가 존재하지 않는 부분에서는 효소에 의해 분해되고 맙니다.

그 결과, β 카테닌은 등쪽에만 국소적으로 존재하는 상태가 됩니다(오른쪽 페이지 그림).

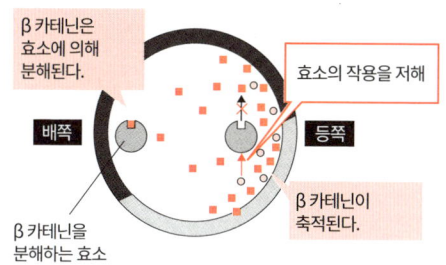

β 카테닌이 있는 쪽이 등쪽이 된다는 뜻이군요!

맞습니다. β 카테닌은 전사 조절 단백질로서 작용해 등쪽에 특징적인 유전자(노달 유전자나 코딘 유전자 등)의 발현을 촉진시켜서 척삭이나 신경관과 같은 등쪽 구조를 형성합니다.

안녕하세요, 초파리입니다. 제 전후축이 정해지는 과정도 중요해요!

❷ 초파리의 전후축이 정해지는 과정

초파리 알의 앞쪽에는 비코이드 mRNA가, 뒤쪽에는 나노스 mRNA가 축적되어 있는데, 수정 후에 번역됩니다. 초파리의 난할에서는 핵 분열이 먼저 일어나므로 한동안 세포는 1개인 채로 존재하며, 합성된 비코이드와 나노스가 확산되어 농도 기울기를 형성합니다.

전사 조절 단백질로서 작용하는 비코이드와 나노스는 각각의 농도에 맞게 특정 유전자의 발현을 조절해서 전후축에 따라 무엇이 형성될지를 결정합니다.

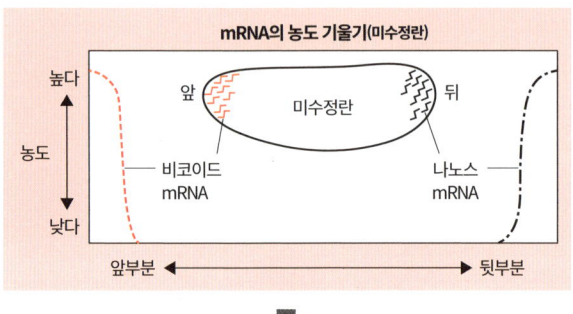

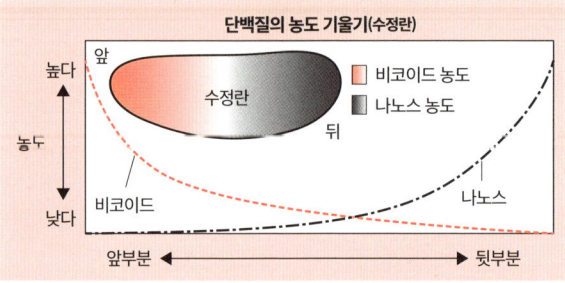

 비코이드 유전자나 β 카테닌 유전자처럼, 모계인자로서 모친의 체내에서 합성된 mRNA가 난자에 축적되는 유전자를 가리켜 **모계 영향 유전자**라고 합니다.

2 배엽의 유도

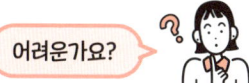

복잡한 기관의 분화에는 유도가 관련된 경우가 많답니다.

어려운가요?

아뇨, 어렵지는 않아요. 오히려 재미있죠! 기대되나요?

어쩐지 유도당하는 느낌이 드는데요……

배아의 특정한 영역이 인접한 다른 영역에 작용해 그 영역의 분화 방향을 결정하는 현상을 <u>유도</u>라고 합니다.

❶ 중배엽 유도

개구리의 포배를 오른쪽 그림처럼 나눕니다. 영역 A만을 배양하면 외배엽이 분화되고, 영역 B만을 배양하면 내배엽이 분화됩니다. 하지만 영역 A와 영역 B를 조합해서 배양하면 영역 A에서 중배엽이 분화되죠!

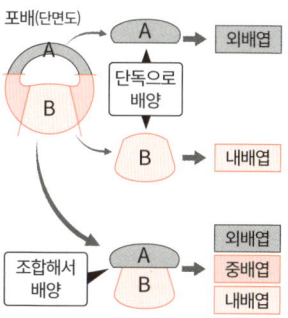

영역 B**가** 영역 A**를** 중배엽**으로** 유도한 것입니다!

이 유도는 **중배엽 유도**라고 해서, 개구리의 발생에서 처음으로 일어나는 유도입니다. 이는 식물극 쪽의 영역 B에서 동물극 쪽으로 이동하는 **노달**(⇒p.131)이라는 단백질에 의해 일어나죠.

조금 전에 배웠던 노달 말인가요?

맞아요! 고농도의 노달은 등쪽 중배엽(←척삭)을, 저농도의 노달은 배쪽 중배엽(←측판)을 분화시킵니다.

중배엽 유도에 의해 생겨난 등쪽 중배엽은 낭배기가 되면 함입되어 등쪽 외배엽의 뒤편에 위치하게 됩니다(아래 그림).

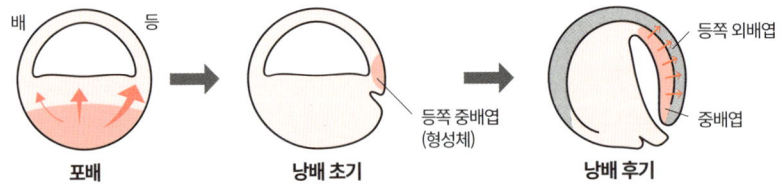

등쪽 중배엽은 인접한 등쪽 외배엽을 신경으로 유도합니다!

중배엽 유도로 생겨난 중배엽이 외배엽을 신경으로 유도하는 거군요.

맞아요. 이처럼 유도에 의해 생겨난 구조가 연이어 다음 유도를 일으키는 현상을 **유도 연쇄**라고 하며, 유도하는 능력을 지닌 영역을 **형성체**라고 합니다.

❷ 신경유도

신경을 분화시키는 유도인 **신경유도**와 관련된 것은 형성체(=등쪽 중배엽)에서 분비되는 단백질(코딘 등)입니다. 다소 복잡합니다만…….

> 외배엽 세포의 본래 운명은 신경으로,
> 외부로부터 아무런 영향도 받지 않는다면 신경으로 분화됩니다.

하지만 초기 배아의 외배엽 세포의 BMP 수용체에는 **BMP**라는 단백질이 결합해 있는데, 신경으로 분화하기 위한 유전자의 발현이 억제되어 있기 때문에 외배엽을 단독으로 배양하면 표피로 분화합니다(아래 왼쪽 그림).

형성체에서 외배엽에 대해 유도물질(노긴, 코딘 등)이 분비됩니다. 이들 유도물질은 BMP가 수용체와 결합하지 못하게 방해하는 단백질입니다. 따라서 형성체로부터 유도를 받으면 BMP가 외배엽 세포의 수용체와 결합하지 못하게 되면서 신경으로 분화하기 위한 유전자 발현이 촉진되어 신경계로 분화됩니다(아래 오른쪽 그림).

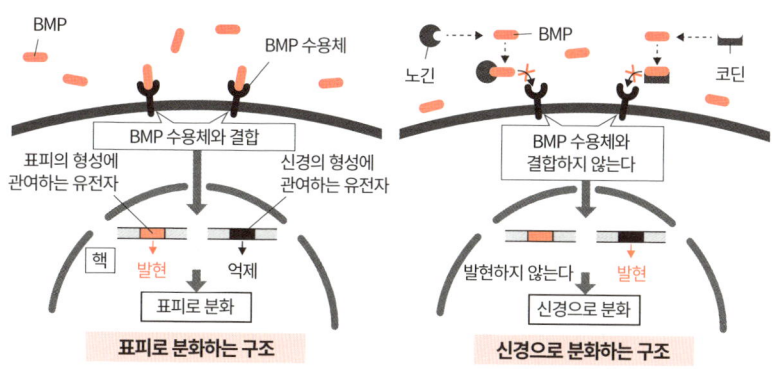

표피로 분화하는 구조 / **신경으로 분화하는 구조**

> 신경이 되지 못하게 방해하는 BMP의 작용을 방해해서
> 신경이 되도록 촉진시키는 것이죠.

❸ 영원(양서류)의 눈 형성에서 일어나는 유도 연쇄

유도에 대해 또 한 가지 중요한 예를 소개하겠습니다. 그건 바로…… '눈의 형성'입니다! 신경유도에 의해 생겨난 신경관의 머리 쪽은 뇌가 되고, 뇌의 일부가 좌우로 부풀어 <u>안포</u>가 만들어집니다. 안포는 끝부분이 움푹 꺼지면서 <u>안배</u>가 됩니다. 안포나 안배는 인접한 표피에서 <u>수정체</u>를 유도함과 동시에 자신은 <u>망막</u>으로 분화됩니다. 유도에 의해 생겨난 수정체는 형성체로서, 인접한 표피에서 <u>각막</u>을 유도합니다.

 안배는 영어로 optic cup입니다. 배(杯)는 잔을 뜻하는 한자로 영어로는 컵! 생김새에서 비롯해 붙여진 이름이랍니다.

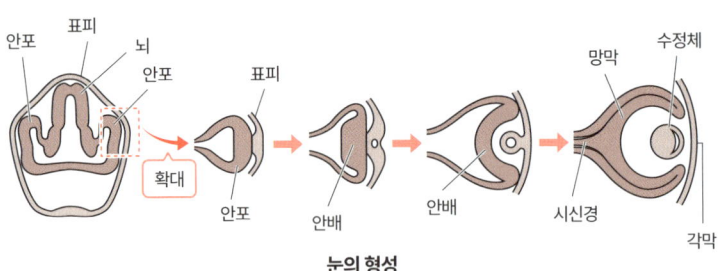

눈의 형성

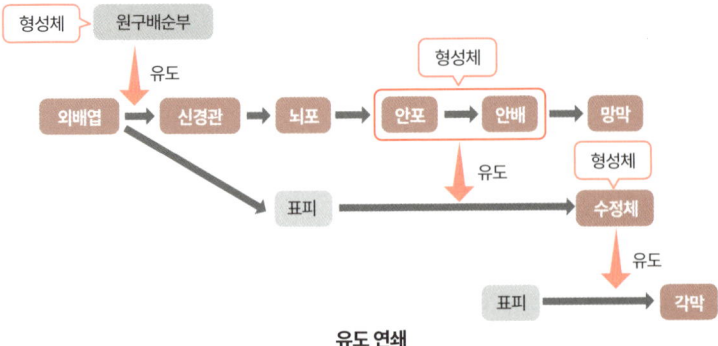

유도 연쇄

'아하~! 굉장하구나!' 하고 감동했나요?

어렵지만 재미있어요.

3 세포예정사

동물의 발생 과정에서는 일부의 세포가 죽어서 기관이 형성되는 경우가 있습니다. 이 세포사는 미리 예정된 **세포예정사**라고 불립니다.

일부의 세포가 죽으면서 기관이 정상적으로 형성되거나 개체를 건강하게 유지할 수 있답니다!

세포예정사의 대부분의 경우, 세포는 **아포토시스**라는 세포사(細胞死)를 실시합니다. 아포토시스란 세포가 정상적인 형태를 유지한 채로 DNA가 분해되어서 주변 세포에 영향을 끼치지 않게끔(=염증 따위를 일으키지 않게끔) 죽어가는 현상을 말합니다.

'apo-'는 떨어지다,
'-ptosis'는 하강하다라는 의미입니다.

세포가 죽어서 떨어져 나가는 느낌일까요……. 세포예정사의 구체적인 예로는 뭐가 있을까요?

예를 들어, 사람이나 쥐의 손발가락은 발생과정에서 물갈퀴에 해당하는 부분의 조직이 아포토시스를 통해 소실되고 손가락이 형성됩니다! 오른쪽 그림의 회색 부분이 아포토시스를 일으키는 부분입니다.

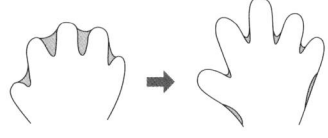

그리고 올챙이의 꼬리가 사라지고 성체가 될 때, 꼬리 세포가 아포토시스를 일으키죠.

생물의 체내 환경

몸 안의 환경은 교묘하게 유지되고 있습니다

일상생활을 보내는 와중에는 거의 의식할 일이 없지만, 우리의 체액은 항상 변하면서도 일정 범위 안에서 유지되고 있습니다. 체액의 상태가 변하면 몸에 이상이 생기는 경우가 많기 때문에 "큰일이야, 큰일이야~!" 하고 다양한 신호를 보냅니다.

예를 들어, 혈당 농도(혈당치)가 저하되면 '배가 고프다!'라는 느낌이 들고, 혈액의 염분 농도가 높아지면 '목이 마르다!'라는 느낌이 듭니다. 혈당 농도가 저하되었을 경우에는 아드레날린 등의 호르몬에 의해 혈당 농도를 높일 수도 있지만, '배가 고프다!'라는 느낌이 들어 간식을 먹거나 밥을 먹으면 혈당 농도가 상승하게 되죠.

체액 속의 병원체를 백혈구가 삼키면 그 부분에서 염증이 생겨납니다. 열감이나 통증이 생기는 느낌이죠. 기분 나쁜 느낌이지만 염증이 일어나면 병원체를 효과적으로 배제할 수 있기 때문에 꼭 필요한 구조입니다. 염증이 일어날 때는 괴롭지만 '면역세포가 열심히 일하고 있구나!'라는 느낌이 듭니다.

5장에서 다룰 내용은 감각적으로 파악하기 어려운 다양한 현상입니다. 하지만 읽다 보면 자신의 몸 안에서 일어나는 현상이 눈에 들어오기 시작할 것입니다. 건강에 대한 의식이 조금은 높아질지도 모르죠. 이 내용을 이해해서 '내일부터 야채도 잘 먹어야지!'라거나 '지나친 음주는 피하자!'라는 건강한 의식이 싹튼다면 좋겠네요.

01 체액의 작용

생물의 몸 바깥 환경이 체외 환경! 체액이 체내 환경!

체내 환경은 몸 안의 환경이라는 의미가 아닌 걸까……?

❶ 체내 환경과 체외 환경

체내 환경이란 **체액**을 말합니다. '체내의 환경'이라 하면 '세포 안은 어떤데? 소화관 안은 어떤데?' 하며 물어보고 싶으실 테니 정확히 말씀드리지만 '체내 환경=체액'입니다! 세포에게는 체액이 바로 환경이라는 뜻이죠.

애당초 체액이 무엇인지 아시나요? 체액은 혈관 안의 **혈액**, 조직의 세포 사이의 **조직액**, 림프관 안의 **림프액**의 세 가지로 나뉩니다.

그러니 땀이나 소변, 소화액(←침, 위액 등)은 체액이 아닙니다!

체외 환경은 끊임없이 변합니다. 하지만 동물은 다양한 구조를 이용해 체내 환경을 안정적으로 유지해서 생명을 유지하는 성질이 있는데, 이것을 **항상성**(호메오스타시스)이라고 합니다.

덥든 춥든 체온은 약 37℃로 유지되고, 식사를 통해 일시적으로 혈당 농도가 올라가더라도 호르몬(⇒p.160) 등에 따라 원래대로 돌아옵니다!

❷ 혈액

혈액에 대한 올바른 지식을 익혀서
수상한 사이비 건강법에 속지 않도록 합시다!

혈액은 액체성분인 **혈장**과 유형성분인 **적혈구**, **백혈구**, **혈소판**으로 이루어져 있습니다. 혈장은 혈액의 질량의 약 55%를 차지하고 있으며, 글루코스 등의 영양분, 요소나 이산화탄소, 호르몬, 소듐 이온 등의 이온, **알부민**(⇒p.151) 등의 다양한 단백질, 노폐물을 녹여서 운반합니다.

아래 그림은 사람의 체액 속 이온 조성을 나타낸 그래프입니다!

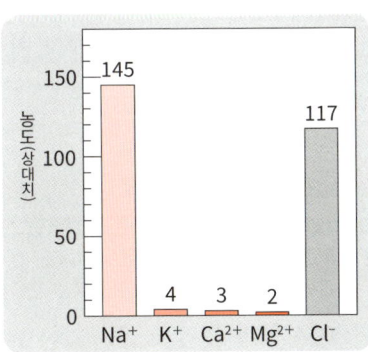

체액에 녹아 있는 이온은 소듐 이온(Na^+), 염화물 이온(Cl^-)이 많습니다. 대략적으로 말하자면 '체액은 맛있는 수프 같은 농도의 식염수'라는 느낌입니다.

혈액의 유형성분과 혈장의 특징, 작용을
다음 페이지에 표로 정리했습니다!

유형성분	핵의 유무	수(개/mm³)	주된 작용
적혈구	없음	400만~500만	산소의 운반
백혈구	있음	4000~8000	면역
혈소판	없음	10만~40만	혈액 응고
액체성분	구성 성분		작용
혈장	물(약 90%), 단백질(약 7%), 글루코스(약 0.1%)		물질 등의 운반

혈액 1mm³에 500만 개라니…… 적혈구의 수가 엄청나게 많군요!

유형성분은 모두 **골수**에 있는 **조혈모세포**에서 만들어집니다.

사람의 적혈구는 핵이 없는 대신 세포 안에 **헤모글로빈**이라는 단백질을 다량으로 포함하고 있으며 산소를 운반합니다. 오래된 적혈구는 **비장**이나 **간**(⇒p.150)에서 파괴됩니다.

hemo는 '혈액'이라는 뜻이랍니다.
예를 들어 hemorrhage는 '출혈'이라는 뜻의 영어죠!
헤모글로빈은 적혈구에 포함된 빨간색 단백질입니다.

백혈구는 '핵은 있지만 헤모글로빈을 갖고 있지 않은 유형성분의 총칭'으로 정의됩니다. 주로 **면역**에 관여하므로 '4 면역'(⇒p.173)에서 상세히 다루어보겠습니다!

혈소판은 **혈액 응고**(⇒p.148)에서 중요한 역할을 맡습니다.

❸ 체액의 순환

 아래의 그림은 사람의 체액이 순환하는 모습을 그린 모식도입니다. 이 그림을 종종 살펴봐주세요!

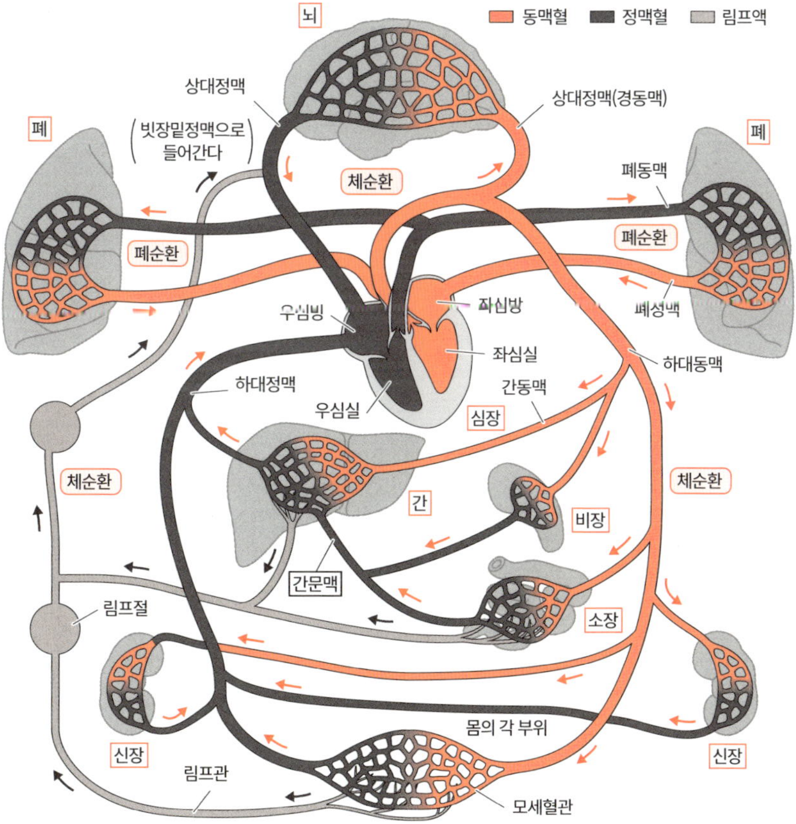

간문맥에는 정맥혈이 흐르는구나……
럼프관에는 군데군데 림프절이 있네요!

폐동맥을 흐르는 혈액은…… 정맥혈입니다. 꼭 알아두세요!

심장에서 보내진 혈액은 동맥을, 심장으로 돌아오는 혈액은 정맥을 타고 흐릅니다. 그리고 동맥과 정맥을 연결하는 혈관이 바로 모세혈관입니다.

모세혈관에서는 혈장의 일부가 스며나와 조직액이 되고, 조직액이 모세혈관으로 돌아와 혈장이 됩니다. 이 과정에서 조직 세포로 영양분을 공급하거나 세포에서 노폐물을 수거하죠.

동맥, 정맥, 모세혈관이 어떤 구조인지는 아래 그림으로 확인합시다!

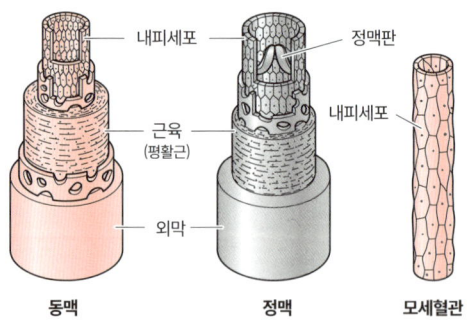

동맥은 심장에서 보내진 혈액이 흐르는데, 혈관벽에 강한 압력이 가해지므로 근육의 층이 발달해서 튼튼합니다. 따라서 정맥보다 혈관벽이 두껍습니다!

정맥에서는 심장으로 돌아가는 혈액이 흐르는데, 역류를 막기 위한 정맥판이라는 밸브가 있고, 모세혈관은 한 층의 내피세포로 이루어져 있습니다.

143페이지 그림에 있는 간문맥은 어떤 혈관에 해당하나요?

좋은 질문이에요!

'문맥'이란 모세혈관을 사이에 둔 굵은 혈관이랍니다! 간문맥은 소장이나 비장의 모세혈관과 간의 모세혈관 사이에 낀 굵은 혈관입니다.

사실은…… 혈관계에 모세혈관이 없는 동물이 있답니다!

나 불렀어요?

아, 메뚜기 군! 그래, 네가 나올 차례야! 곤충 등의 절지동물이나 조개 같은 여러 연체동물의 혈관계에는 모세혈관이 없으며, 동맥의 말단에서 나온 혈액이 세포 사이를 흐른답니다. 이러한 혈관계를 개방혈관계라고 합니다.

이와 달리 우리 척추동물 등의 혈관계는 모세혈관을 갖고 있으며 혈액은 오로지 혈관 안에서만 흐르고 있죠. 이러한 혈관계는 폐쇄혈관계라고 합니다.

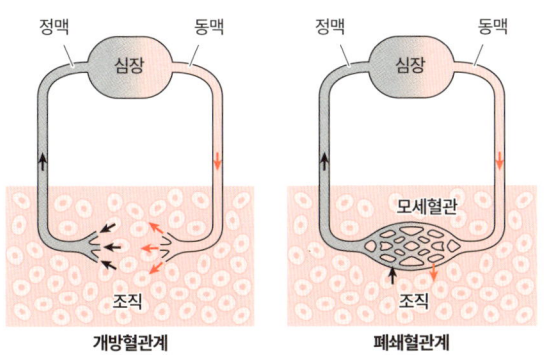

> 림프액…… 림프관…… '림프'라면 가끔 텔레비전 같은 데서 들은 적이 있어요.

　조직액의 대부분은 모세혈관으로 돌아가지만 일부는 림프관으로 들어가 림프액이 됩니다. 림프액은 림프관을 지난 뒤 이후에 빗장밑정맥에서 혈액과 합류합니다. 즉, 림프액은 최종적으로는 혈액으로 돌아가는 셈이죠. 림프관에는 곳곳에 림프절이 있는데, '면역'(⇒p.173)에 관여하는 세포가 많아서 림프액 안의 병원체 따위를 제거합니다. 아래의 그림처럼 림프관 역시 정맥과 마찬가지로 판(밸브)이 달려 있어서 림프액이 한 방향으로 흐르게 되어 있답니다!

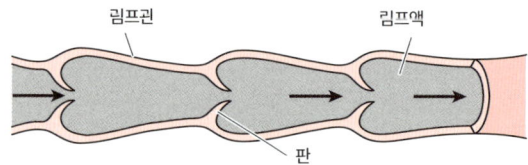

❹ 심장의 구조

 심장은 영어로 heart, 프랑스어로는 cœur, 닭꼬치집에서 주문할 때는 '염통!'이라고 하죠.

　심장은 심근이라는 특수한 근육으로 이루어져 있으며 쉴 새 없이 수축과 이완을 반복하며 혈액을 순환시킵니다.
　혈액은 정맥에서 심방으로 돌아와, 심실에서 동맥으로 나갑니다. 심방과 심실 사이, 심실과 동맥 사이에는 판이 있기 때문에 역류하는 일 없이 원활하게 혈액을 흘려보내고 있죠(오른쪽 페이지 그림).

혈액이 흐르는 경로는 다음과 같습니다!

대정맥→우심방→(판)→우심실→(판)→폐동맥→폐→폐정맥
→좌심방→(판)→좌심실→(판)→폐동맥→온몸 ······

→ 는 정맥혈
→ 는 동맥혈

또한 대정맥과 우심방의 경계 부분에는 **동방결절**(페이스 메이커)이라는 특수한 장소가 있습니다. 이 부분의 심근이 알아서 주기적으로 전기신호를 발생시키기 때문에 심장은 일정한 리듬으로 수축하게 됩니다! 심장은 몸 밖으로 꺼내더라도 한동안은 계속 움직이는데, 이는 동방결절의 작용 덕분이죠.

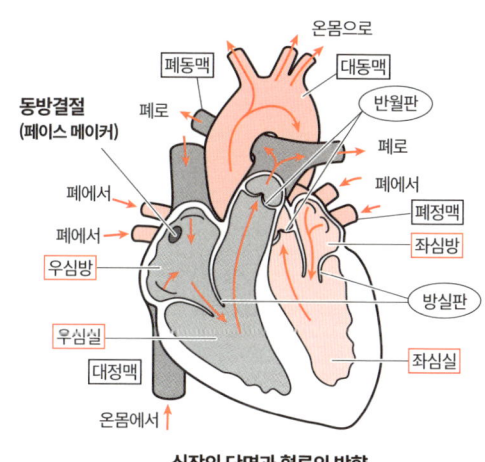

심장의 단면과 혈류의 방향

자, 퀴즈입니다!

좌심실과 우심실 중, 어느 쪽이 내압이 더 높을까요?

······!! 좌심실이요! 왜냐하면 폐로 혈액을 보내는 것보다 온몸으로 혈액을 보내는 쪽에 더 큰 힘이 필요하잖아요?

훌륭한 발상이에요. 바로 맞혔습니다. 그 증거로 좌심실의 근육이 우심실보다 더 두껍죠!? 그래서 좌우의 심실 사이의 벽에 구멍이 뚫렸을 경우, 혈액은 압력이 높은 좌심실에서 우심실로 흘러버린답니다.

❺ 혈액응고

다쳐서 피가 나더라도 상처가 작으면 딱지가 생겨서 피가 멎게 되죠?

최근에는 딱지 없이 상처를 낫게 해주는 반창고도 팔더라고요!

……뭐, 그렇긴 한데…….
그 반창고(←상품명은 말할 수 없어요) 없이,
알아서 자연스럽게 상처가 치유되는 구조를 설명해보겠습니다(^^;;;).

혈관에 상처가 나서 피가 나면 혈소판이 상처 부위로 모여서 덩어리를 만듭니다. 그리고 혈소판은 응고인자를 분비해 피브린이라는 섬유 형태의 단백질을 만들어내죠.

피브린(fibrin)의 어원은 fiber(섬유)랍니다.
생김새가 그대로 이름이 되었으니 외우기 쉬울 거예요!

피브린은 그물 형태로 변해 혈구를 휘감아 혈병이라는 덩어리를 형성하는데, 이것이 상처 부위를 막으면서 출혈이 멎게 됩니다. 이 혈병이 말라서 굳은 것이 바로 '딱지'랍니다.

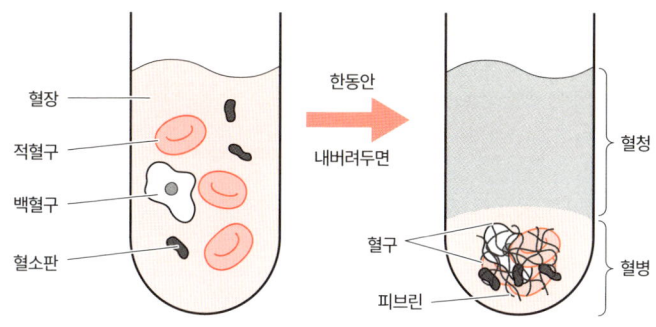

상처 부위를 막고 있던 혈병은 그 다음에 어떻게 되나요?

상처가 난 혈관이 고쳐질 무렵이면 혈병은 피브린을 분해하는 효소의 작용에 의해 용해됩니다. 이 현상을 선용(피브린 용해)라고 하죠.

02 간과 신장은 중요한 장기

1 간

그건 그렇고, 간이 어디에 있는지 알고 있나요?

그게…… 오른쪽 옆구리 부분…… 맞죠?(^^;;;)

❶ 간의 구조

아래 그림에서 왼쪽은 사람을 정면에서 보았을 때 장기의 위치관계를 나타낸 그림이고, 오른쪽은 간의 기본 구조인 **간소엽**(←간에 약 50만 개가 있습니다!)의 단면도입니다. 간 항목을 다 읽었다면 다시 한번 이 그림을 봐주세요.

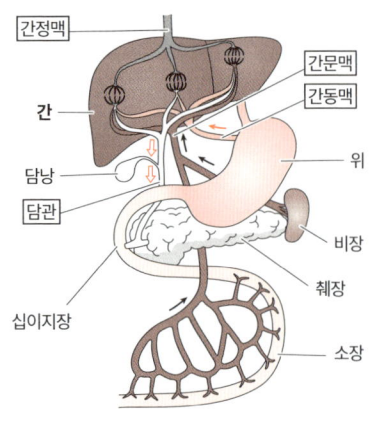

장기의 위치관계

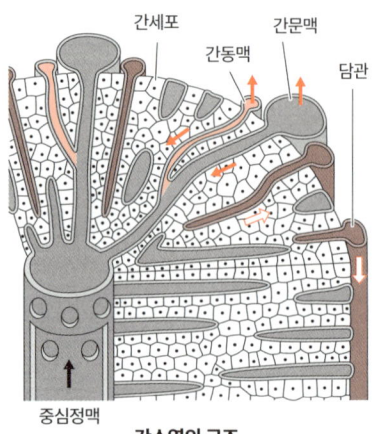

간소엽의 구조

성인 기준으로 무게가 1.2~2kg이나 되는 간은 몸 안에서 가장 큰 내장기관이랍니다. 간에서는 간동맥과 간문맥(⇒p.145)에서 혈액이 유입되고, 간정맥에서 혈액이 빠져나갑니다.

간동맥이나 간문맥은 여러 갈래로 뻗어나가 모세혈관이 되고, 간소엽 안으로 흘러들어가 중심정맥으로 모이게 됩니다. 그리고 다른 간소엽의 중심정맥과 합쳐져서 간정맥이 되죠.

간문맥 쪽이 간동맥보다 굵습니다.
간으로 유입되는 혈액량은 간문맥이 간동맥보다 약 네 배나 많죠!

❷ 간의 작용

간은 '몸의 만능 화학 공장'이라고 불리기도 할 정도로 다양한 작용을 한답니다!

간의 작용 중에서 중요한 것을 꼽아보겠습니다. 간의 중요한 작용 BEST 7! 뭔가 애매하게 끊어지는 느낌이지만…….

❶ **혈장 속에 포함된 다양한 단백질의 합성**
알부민이나 혈액응고에 관여하는 단백질 등, 혈장 속의 다양한 단백질을 합성합니다.

알부민의 어원은 'albumen(난백)'입니다.
달걀 흰자에 포함된 단백질의 대부분이 알부민이죠!

알부민은 다양한 물질에 들러붙어서 혈액의 흐름을 타고 이것들을 운반한답니다.

❷ **혈당 농도(⇒p.164)의 조절**
혈액 속 글루코스는 간문맥에서 간으로 들어가, 간세포 안에서 글리코젠으로 변해 저장됩니다. 또한 혈당 농도가 낮아졌을 때는 글리코젠을 분해해 글루코스를 만들거나 단백질에서 글루코스를 만들고(←단백질의 당화), 이렇게 생겨난 글루코스를 혈액 안으로 방출해 혈당 농도를 조절합니다.

❸ **해독 작용**
알코올이나 약물 등을 효소로 분해 처리합니다.

❹ **요소의 합성**
아미노산을 분해했을 때 생겨나는 유해한 암모니아를 독성이 낮은 요소로 바꿉니다.

❸은 술을 너무 많이 마셨을 때의⋯⋯ 그거네요.

맞아요! 저도 지나친 음주는 조심해야겠어요⋯⋯.
❹요소의 합성은 '해독'에서 가장 중요한 사례죠.

❺ **담즙의 생성**
담즙(쓸개즙)은 담관을 통해 십이지장으로 분비되어 지방의 소화를 돕습니다.

❻ **오래된 적혈구의 파괴**
적혈구가 분해되면서 생겨난 물질은 담즙 안으로 배출됩니다.

❼ **발열**
다양한 대사에 의해 열을 일으켜서 체온 유지에 관여합니다.

담즙에 대해서는 설명을 추가할게요!

담즙에는 담즙산이 포함되어 있는데, 이것이 소장 안에서 벌어지는 지방의 소화와 흡수를 촉진시킵니다. 담즙은 일단 담낭에 저장되어 있다가 음식물이 십이지장에 도달하면 배출됩니다. 또한 담즙에는 간의 해독작용에 따라서 생겨난 불필요한 물질이나 헤모글로빈을 분해해서 생겨난 빌리루빈이라 불리는 물질 등이 포함되어 있습니다.

빌리루빈은 진한 갈색 색소예요! 빌리루빈의 대부분은 그대로 장을 통해서······
몸 밖으로 배출되죠. 이것이 '똥'의 기본적인 색깔이랍니다.

2 신장

① 신장의 구조

아래 신장(콩팥) 단면도를 봐주세요.
신장의 생김새가······ 뭔가를 닮은 것 같지 않나요?

네!? 그러고 보니까······ 저희 집 식탁이 이렇게 생겼어요!

뭐, 그럴지도 모르지만······.
콩! 콩처럼 보이지 않나요?
신장은 영어로 kidney, 강낭콩을 영어로 kidney bean이라고 한답니다!
신장처럼 생긴 콩이라는 뜻이죠.

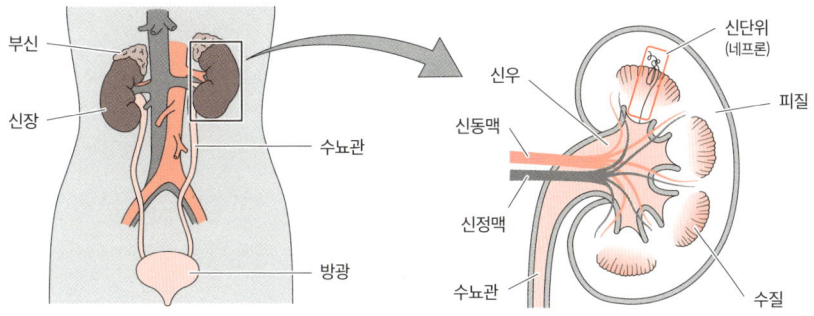

신장은 배의 등쪽에 좌우로 한 쌍이 존재하는 장기로, 소변을 만들어냅니다. 몸 오른쪽에는 간이 있기 때문에 오른쪽 신장이 조금 아래쪽에 달려 있죠. 신장에는 신동맥, 신정맥, 수뇨관이 이어져 있습니다. 신장은 피질, 수질, 신우라는 세 부분으로 구성되어 있으며, 만들어진 소변은 신우에 저장되고, 수뇨관을 따라 방광으로 운반됩니다.

신동맥은 신장으로 들어가면 여러 갈래로 나뉘어 아래 그림과 같이 모세혈관이 공 형태로 밀집된 사구체가 됩니다. 사구체는 보먼주머니에 감싸여 있는데, 둘을 합쳐서 신소체라고 합니다.

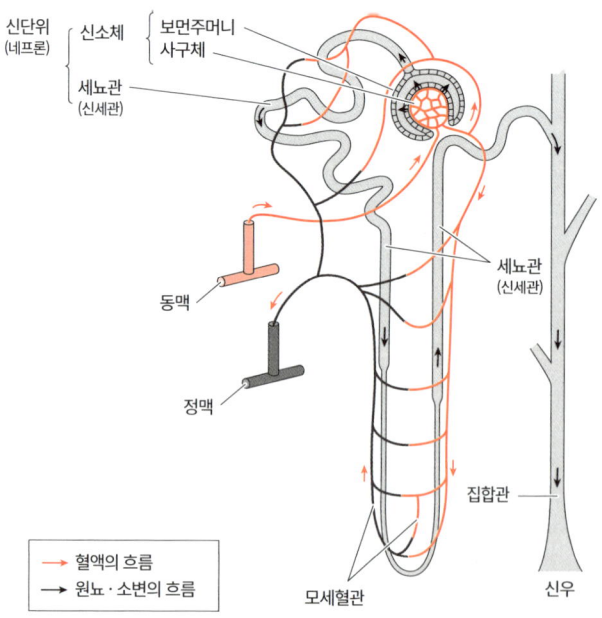

 보먼주머니는 보먼이라는 사람이 발견한 주머니이기 때문에 보먼주머니라고 한답니다.

보먼주머니는 세뇨관(신세관)이라는 관으로 이어져 있는데, 세뇨관이 여러 개 모여서 집합관을 이루어 신우로 이어집니다. 신소체와 세뇨관을 합쳐서 신단위(네프론)이라고 합니다. 이 신단위가 신장 구조의 기본 단위로, 하나의 신장에는 약 100만 개의 신단위가 있습니다. 신단위는 신장의 피질과 수질에 걸쳐서 존재하고 있습니다! 이 그림을 잘~ 봐두세요.

세뇨관은 일단 신우 쪽으로 갔다가…… 유턴해서…… 집합관으로 모여 신우 쪽으로 향한답니다!

중요해 보이는 용어가 산더미 같네요…….

소변이 생성되는 흐름은 여러 번 확인해두세요.

❷ 신장의 작용(소변 생성)

신장에서는 어떻게 소변을 만드나요?

여과, 재흡수라는 두 가지 단계로 만들어집니다. 순서대로 알아봅시다!

❶ 여과

사구체는 혈관이 가늘기 때문에 혈압이 무척이나 높습니다. 이 혈압에 의해 혈장의 일부가 보먼주머니로 밀려나갑니다. 이 과정을 여과, 보먼주머니로 밀려나간 체액을 원뇨라고 합니다.

또한 혈구는 크기 때문에 보먼주머니에 여과되지 않습니다. 단백질도 분자가 크기 때문에 여과되지 않죠. 그 이외의 물, Na⁺, 글루코스, 요소 등은 여과됩니다.

 여과되는 물질의 농도는 혈장 안이나 원뇨 안이나 동일하다고 볼 수 있습니다.

 원뇨에는 글루코스나 Na⁺같이 필요한 물질도 많이 포함되어 있네요.

 맞아요! 그래서 필요한 물질은 혈액으로 돌려보냅니다! 이 과정이 다음의 재흡수랍니다.

❷ 재흡수

원뇨는 세뇨관에서 집합관으로 흐릅니다. 이때 몸에 필요한 물질(물, Na+, 글루코스 등)은 세뇨관을 둘러싼 모세혈관으로 **재흡수**됩니다. 다양한 물질을 재흡수하며 세뇨관을 통과한 원뇨는 집합관으로 들어가고, 여기서 다시 물이 재흡수되면서 소변이 완성되죠.

 세뇨관에서는 물이나 다양한 물질이, 집합관에서는 다시 물이 재흡수되는군요! 몰랐어요~

어느 정도나 재흡수되는지는 물질마다 다릅니다. 몸에 필요한 물질은 높은 비율로 재흡수되지만 노폐물 등은 그다지 재흡수되지 않습니다. 또한 **호르몬**에 의해 재흡수가 조절되는 물질도 있답니다(⇒p.163). 오른쪽 페이지 그림은 소변이 생성되는 구조를 나타낸 모식도입니다!

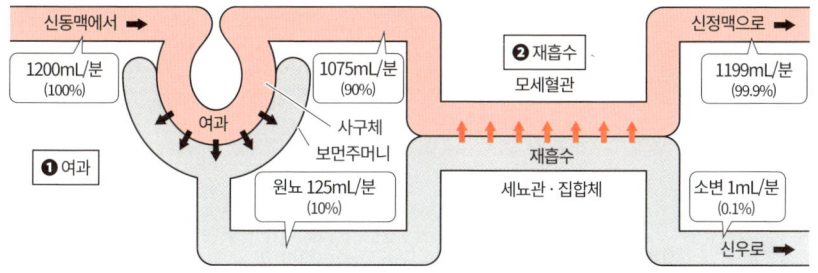

 소변 생성에 관련된 중요한 지표 중 하나가 바로 **농축률**입니다! 농축률은 해당 물질에 대해 다음의 식으로 나타낼 수 있습니다.

$$농축률 = \frac{요중(尿中)\ 농도}{혈장중\ 농도}$$

 농축률은 소변 생성 과정에서 농도가 몇 배가 되었는지를 말합니다. 노폐물은 그다지 재흡수되지 않고 소변 중으로 배출되므로 농축률의 수치가 높아지겠죠.

03 체내 환경을 안정적으로 유지하는 방법

자율신경은 영어로 autonomic nerves입니다.
autonomy는 '자치'라는 뜻이죠.
의식에 지배되지 않고 알아서 작용하는 신경이라는 뉘앙스가 느껴집니다.

❶ 자율신경계

우리의 체내 환경(⇒p.140)은 자율신경계와 내분비계의 협력을 통해서 조절되고 있습니다.

자율신경계에는 교감신경과 부교감신경이 있는데, 간뇌의 시상하부에 지배되고 있습니다. 교감신경은 활동할 때나 흥분했을 때, 부교감신경은 식후나 쉬고 있을 때와 같이 편하게 있을 때 작용하며, 둘은 길항적으로 작용합니다.

오른쪽의 일러스트는 교감신경의 작용을 이미지로 표현한 그림이에요!

뭔가 그림이 무섭네요……. 무슨 느낌인지는 잘 알겠어요.

이미지를 파악했다면 교감신경과 부교감신경의 작용을 확인해봅시다!

대상이 되는 기관	교감신경	부교감신경
눈동자(동공)	확대	축소
심장 박동	촉진	억제
기관지	확장	수축
소화관의 운동	억제	촉진
방광의 운동(배뇨)	억제	촉진
입모근	수축	분포되어 있지 않음

아래 그림을 본 적이 있나요?

무척 복잡한 그림이네요…….

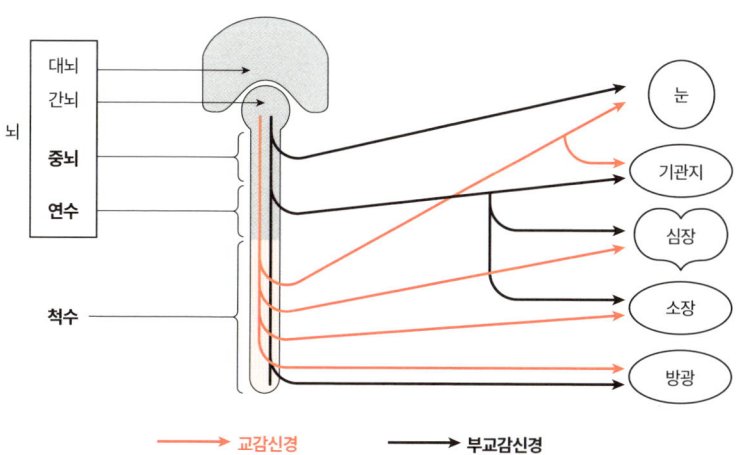

　교감신경은 모두 척수에서 나옵니다. 부교감신경은 일부가 척수 아래 부분에서, 대부분이 뇌(중뇌와 연수)에서 나오고 있죠.

❷ 호르몬의 분비와 조절

 호르몬의 어원은 그리스어로 '자극하다, 불러 깨우다'라는 의미의 단어입니다.

호르몬은 내분비샘에서 혈액 안으로 직접 분비되는데, 혈액에 의해 온몸을 순환하다 특정 기관의 세포(표적세포)에 특이적으로 작용합니다.

 온몸으로 운반되는데 왜 특정 세포에만 작용하는 건가요?

잘 짚어주었어요! 표적세포는 특정 호르몬과 특이적으로 결합하는 수용체를 갖고 있답니다. 호르몬은 수용체와 결합해서 작용하기 때문에 표적세포에만 작용할 수 있죠! 아래 그림을 머릿속에 새겨두면 좋을 거예요.

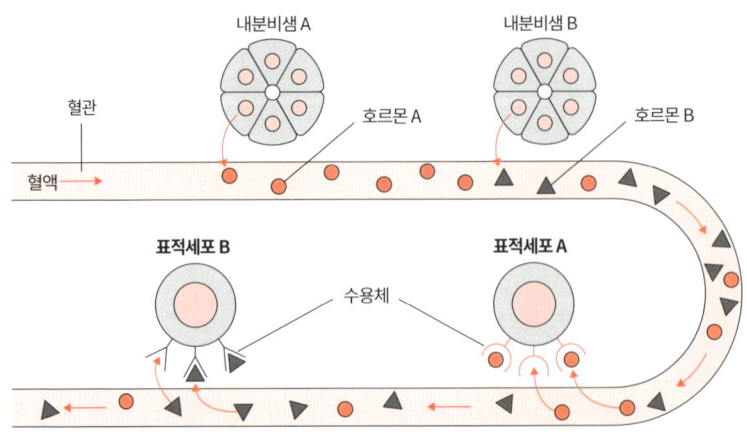

참고로 호르몬은 1902년에 베일리스와 스털링이 발견했습니다. 처음 발견된 호르몬은 십이지장에서 분비되어 췌장에 작용해 췌액(←췌장에서 십이지장으로 분비되는 소화액)의 분비를 촉진시키는 세크레틴이라는 호르몬이었죠.

내분비샘에는 어떤 것이 있나요?

뇌하수체, 갑상샘, 부신, 췌장의 랑게르한스섬…… 다양하지만 우선은 뇌하수체에 대해 알아봅시다.

뇌하수체는 간뇌의 시상하부에 매달린 것처럼 붙어 있기 때문에(주: 진짜로 덜렁 매달려 있지는 않습니다!!!) 이런 이름이 붙었습니다. 뇌하수체는 전엽과 후엽이라는 두 부분으로 이루어져 있습니다.

뇌하수체에는 오른쪽 그림처럼 모세혈관이나 신경분비세포가 존재합니다. 참고로 신경분비세포란 호르몬을 분비하는 신경세포를 말합니다! 전엽은 혈관을 통해서 시상하부에서 분비되는 호르몬에 의해 지배되고 있습니다. 한편 신경분비세포는 시상하부에서 후엽의 모세혈관까지 뻗어 있습니다. 바소프레신은 이 신경분비세포에 의해 후엽에서 분비되는 호르몬입니다.

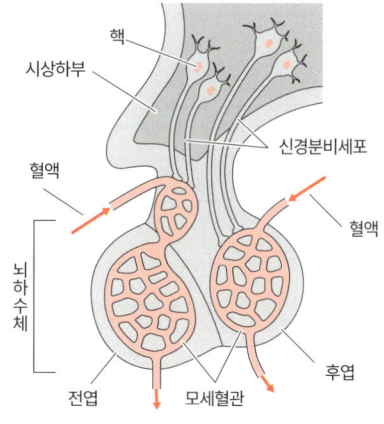

 바소프레신은 신장의 집합관(⇒p.154)에 작용해서 물의 재흡수를 촉진시키는 호르몬입니다.
바소프레신의 분비가 촉진되면 소변의 양은 감소하고 농도가 높아지죠!

호르몬의 분비는 무척이나 정교하게 조절되고 있습니다! 갑상샘에서 분비되는 티록신을 예로 들어 설명하겠습니다. 아래 그림을 보면서 읽어주세요!

시상하부에서 갑상샘 자극 호르몬 방출 호르몬이 분비되고, 이것이 뇌하수체 전엽에 작용하면 갑상샘 자극 호르몬이 분비됩니다. 갑상샘 자극 호르몬이 갑상샘에 작용하면 갑상샘에서 티록신이 분비되죠. 이윽고 티록신의 농도가 높아지면 티록신이 시상하부나 뇌하수체 전엽에 작용해 호르몬의 분비를 억제합니다.

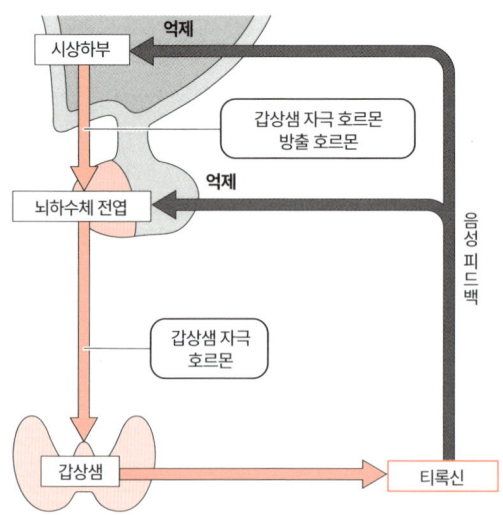

'티록신 많이 남아요~!
호르몬 분비 멈춰~!'라는 느낌이네요.

　이처럼 최종 산물이나 최종 산물에 의한 효과가 첫 단계로 돌아가서 전체를 조절하는 것을 **피드백 조절**이라고 합니다!

그런데, 티록신은 어떤 작용을 하나요?

　이번 기회에 대표적인 호르몬에 대해, 내분비샘과 분비되는 호르몬, 작용을 아래에 정리해두겠습니다.

내분비샘		호르몬	주된 작용
시상하부		방출 호르몬 방출 억제 호르몬	뇌하수체 전엽에서의 호르몬 분비 조절
뇌하수체	전엽	성장 호르몬	단백질의 합성 촉진, 뼈의 발육 촉진
		갑상샘 자극 호르몬	티록신의 분비 촉진
		부신피질 자극 호르몬	당질 코르티코이드의 분비 촉진
	후엽	바소프레신	신장의 집합관에서 물의 재흡수 촉진
갑상샘		티록신	대사 촉진
부갑상샘		파라토르몬	혈중 Ca^{2+} 농도 상승
십이지장		세크레틴	췌액의 분비 촉진
부신	수질	아드레날린	글리코젠의 분해 촉진
	피질	당질 코르티코이드	단백질에서의 당 합성 촉진
		광질 코르티코이드	신장에서의 Na^+ 재흡수 촉진 신장에서의 K^+ 배출 촉진
췌장 랑게르한스섬		인슐린	글리코젠의 합성 촉진 세포의 글루코스 흡수 촉진
		글루카곤	글리코젠의 분해 촉진

성장 호르몬은 이름대로 성장을 촉진시키는 호르몬입니다. 뼈의 발육을 촉진시키는 작용 외에 근육 등이 성장하는 데 필요한 단백질의 합성을 촉진시키는 작용도 맡고 있습니다.

　파라토르몬은 혈중 칼슘 이온(Ca^{2+}) 농도가 저하되면 분비되는데, 뼈를 녹이거나, 원뇨에서의 Ca^{2+} 재흡수를 촉진시켜 혈중 Ca^{2+} 농도를 상승시킵니다.

　광질 코르티코이드는 신장의 세뇨관이나 집합체에서의 소듐 이온(Na^+)의 재흡수를 촉진시키거나, 포타슘(칼륨) 이온(K^+)이 소변으로 배출되도록 촉진시킵니다. 이에 따라 체액 중에 Na^+, K^+의 농도를 조절합니다.

혈당 농도의 조절에 관련된 호르몬도 앞으로 등장할 거예요!

❸ 혈당 농도의 조절

갑작스런 질문이지만…… 혈당 농도가 무슨 뜻인지 알고 계시나요?

'혈액 속 당의 농도' 아닌가요?

　아까워라! **혈당 농도**란 '혈액 속 글루코스의 농도'입니다. 글루코스 이외의 당이 녹아 있더라도 혈당으로 치지는 않는답니다! 사람의 혈당 농도는 식사를 통해 상승하거나 운동을 통해 낮아지기도 하지만, 0.1%(≒1mg/mL)가 되도록 조절되고 있습니다.

　혈당 농도는 오른쪽 페이지 그림처럼 조절되고 있죠.

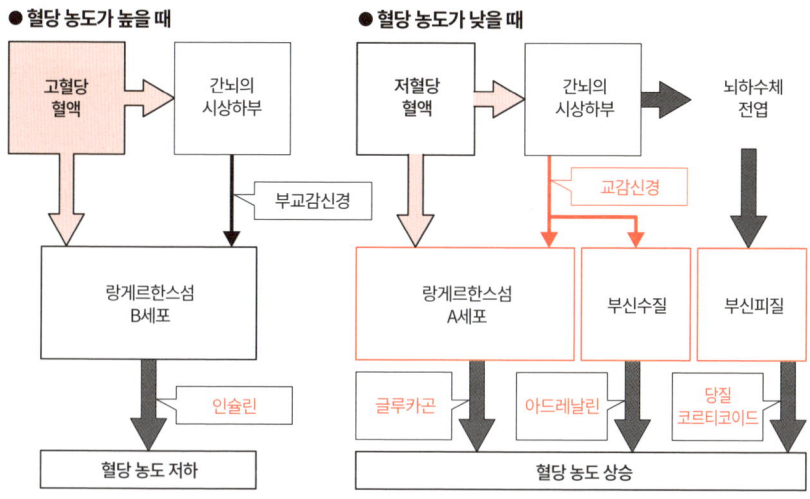

　식사 등을 통해서 혈당 농도가 상승하면 시상하부가 이것을 감지하고, 부교감신경으로 췌장의 랑게르한스섬의 B세포를 자극합니다. 그러면 여기에서 인슐린이 분비되죠.

> '식사를 했으면 부교감신경'이라는 느낌이네요!

　맞아요! 그 말대로랍니다♪ 사실 위의 그림에서도 이해하셨겠지만, 랑게르한스섬의 B세포 자신도 혈당 농도의 상승을 직접 감지해서 인슐린을 분비할 수 있습니다.

　인슐린은 간이나 근육에 작용해, 이곳에서 이루어지는 글리코젠 합성을 촉진시킵니다. 또한 다양한 세포에 작용해서 표적세포에 의한 글루코스 흡수나 소비를 촉진시키죠.

저…… 글리코젠이 뭔가요?

글리코젠이란 글루코스가 잔뜩 이어진 물질입니다. 간이나 근육의 세포 안에서 글리코젠을 쭉쭉 만들어내면 글루코스가 쭉쭉 흡수되어서 혈당 농도는 저하됩니다!

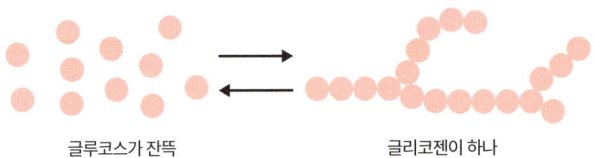

글루코스가 잔뜩   글리코젠이 하나

반대로 심한 운동 등으로 혈당 농도가 낮아지면 시상하부가 이를 감지해 교감신경을 통해 부신수질에서 아드레날린이 분비됩니다. 아드레날린은 간에 작용해서 글리코젠을 분해하고, 글루코스를 만들게 해서 혈당 농도를 상승시킵니다. 또한 교감신경이 자극을 받아 췌장의 랑게르한스섬의 A세포에서 글루카곤이 분비됩니다. 글루카곤 역시 아드레날린과 마찬가지로 글리코젠의 분해를 촉진시킵니다. 또한 랑게르한스섬의 A세포 자신이 혈당 농도의 저하를 감지해 글루카곤을 분비하기도 합니다.

혈당 농도의 저하는 목숨이 달린 일입니다!
혈당 농도의 저하에 따른 반응은 아직 더 남아 있어요!!

간뇌의 시상하부는 뇌하수체전엽을 자극해서 부신피질 자극 호르몬을 분비시키고, 그 결과 부신피질에서 당질 코르티코이드가 분비됩니다. 당질 코르티코이드는 다양한 조직 세포에 작용해 단백질에서 글루코스를 합성시켜서 혈당 농도를 상승시킵니다.

당질 코르티코이드는 심한 스트레스를 받았을 때에도 분비된다는 사실이 알려져 있습니다.
심한 스트레스가 지속적으로 가해지면 혈당 농도가 높아지고 만답니다.

회의나 시험이 임박해지면 혈당 농도가 높아지는 경향이 있겠네요.

❹ 당뇨병

당뇨병은 혈당 농도가 높은 상태가 지속되는 질병입니다. 당뇨병의 원인은 다양합니다만, 랑게르한스섬의 B세포가 파괴되어 인슐린의 분비가 멈추면서 발생하는 당뇨병을 1형 당뇨병이라고 합니다. 그리고 그 밖의 원인에 따른 당뇨병을 2형 당뇨병이라고 하죠. 2형 당뇨병에는 B세포의 파괴와는 다른 원인으로 인슐린이 분비되지 않는 경우나, 표적세포가 인슐린에 반응하지 못하는 경우 등 다양한 원인이 있습니다.

생활습관병으로 취급되는 당뇨병은 2형 당뇨병입니다.
한국의 당뇨병 환자 대부분은 2형 당뇨병으로, 식사나 운동 등의 생활 습관의 재검토가 필요한 경우가 많죠.

혈당 농도가 높아지면 신장에서 원뇨 안의 모든 글루코스를 미처 재흡수하지 못한 채 소변 안으로 글루코스가 배출됩니다. 이를 당뇨병이라고 합니다. 혈당 농도가 높은 상태가 이어지면 신장에 부담이 가해질 뿐 아니라 동맥경화가 일어나고, 심근경색이나 뇌경색에 걸릴 위험성이 높아진다는 사실이 알려져 있습니다.

자, 문제입니다! 다음 그래프는 건강한 사람과 당뇨병 환자 A씨와 B씨의 식사 전후 혈당 농도와 인슐린 농도의 변화를 나타낸 그래프입니다. A씨와 B씨 중 한 쪽이 1형 당뇨, 다른 한 쪽이 2형 당뇨병입니다. 자, 2형 당뇨병인 사람은 누구일까요?

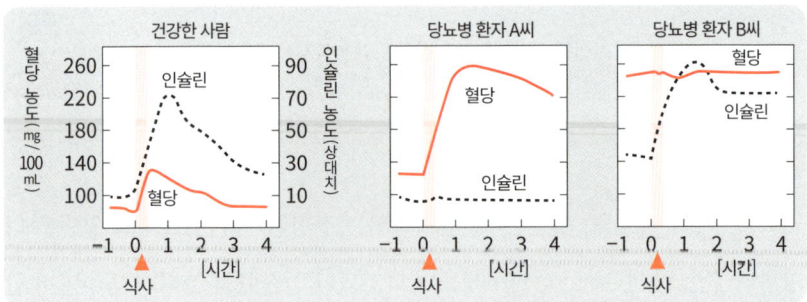

1형 당뇨병의 경우는 인슐린이 분비되지 않으니 식후에 인슐린이 늘어난 B씨가 1형 당뇨병일 리는 없겠네요. 그러니까…… 2형 당뇨병은 B씨!

완벽해요!

❺ 체온 조절

어휴, 오늘 아침은 춥던데요! 하지만 항온동물인 우리는 체온을 유지할 수 있어요. 굉장하죠!!

체온은 발열량과 방열량의 균형에 의해 조절되고 있답니다. 기껏 발열량을 높여놓고선 방열량을 낮추지 않는다면 열이 달아나버리겠죠? 아래에 추울 때 체온이 조절되는 구조를 정리해놓았습니다.

● 추울 때의 체온 조절

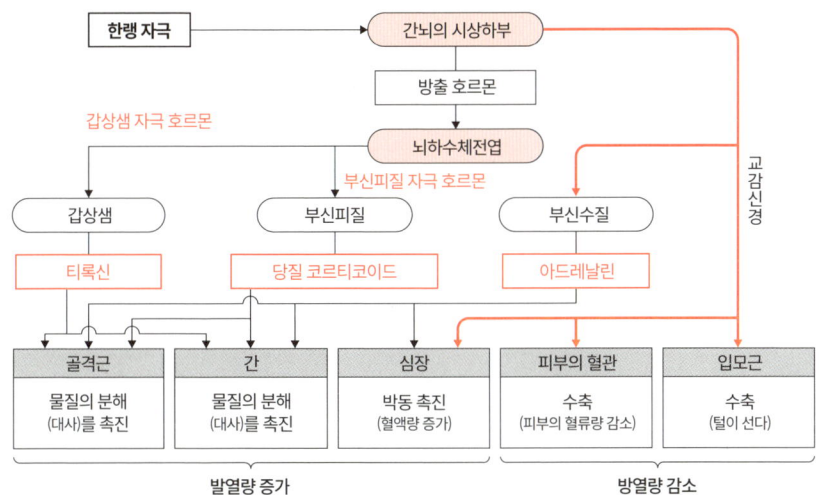

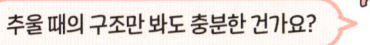 추울 때의 구조만 봐도 충분한 건가요?

　항온동물의 체온 조절은 원칙적으로 추울 때 체온의 저하를 막기 위한 구조입니다. 그러니 우선은 추울 때의 구조를 이해하는 것이 먼저죠.

　체온이 저하되었을 때나 추울 때, 체온 조절 중추인 **간뇌**의 **시상하부**가 피부나 혈액의 온도 저하를 감지하면 **교감신경**에 의해 **피부의 혈관**이나 **입모근** 등이 자극받아 수축되고, 방열량이 감소합니다. 또한 **티록신**, **아드레날린**, **당질 코르티코이드** 등의 분비가 촉진되고, 간이나 근육 등에서 대사가 촉진되어 발열량이 증가하죠. 이어서 골격근이 수축과 이완을 되풀이하면서 떨림과 열이 발생합니다.

❻ 체액의 염분 농도와 체액량의 조절

 혈당 농도가 낮아지면 '배가 고프다'라고 느낍니다. 혈액의 염분 농도가 높아지면 어떻게 될까요?

분명 '농도를 낮추고 싶다'라고 느끼겠네요! 물로 희석시켜야 하는데…… 그러려면 물을 마셔야 하고…… 앗! '목 말라~!'라는 느낌이 들겠네요!!

굉장해요! 이제는 제법 논리적으로 생각할 수 있게 되었군요!

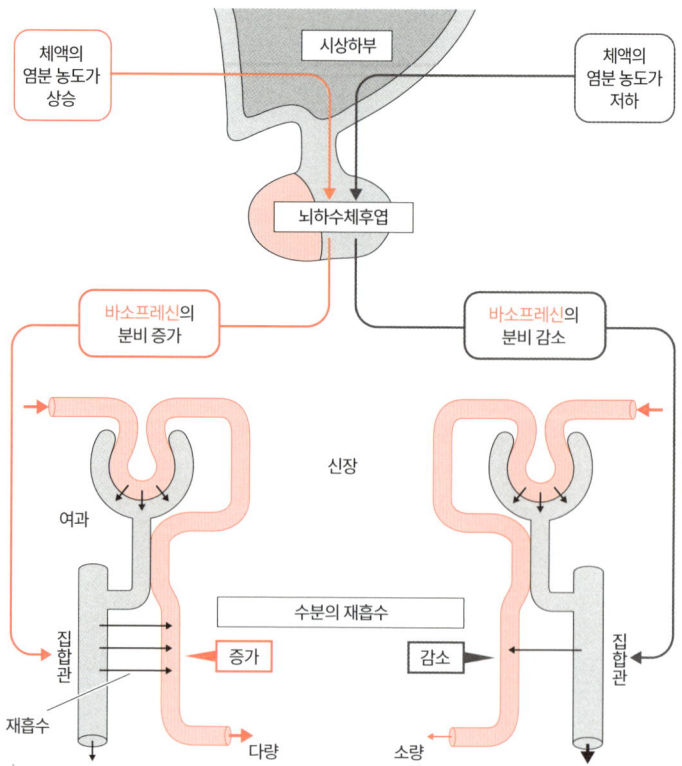

체액의 염분 농도는 왼쪽 페이지 그림처럼 시상하부가 항상 감지하고 있는데, 땀을 흘려서 염분 농도가 상승하면 뇌하수체후엽에서 바소프레신이 분비됩니다. 바소프레신은 집합관에서 이루어지는 물의 재흡수를 촉진시키므로 체액의 수분량이 증가하고 체액의 염분 농도가 낮아지죠. 반대로 물 등을 마셔서 체액의 염분 농도가 저하되었을 경우에는 바소프레신의 분비가 억제됩니다 (왼쪽 페이지 그림).

또한 부신피질에서 분비되는 광질 코르티코이드는 신장의 세뇨관에서 이루어지는 Na^+의 재흡수를 촉진시킴과 동시에 물의 재흡수를 촉진시키기 때문에 체액량을 증가시키는 효과를 가져옵니다.

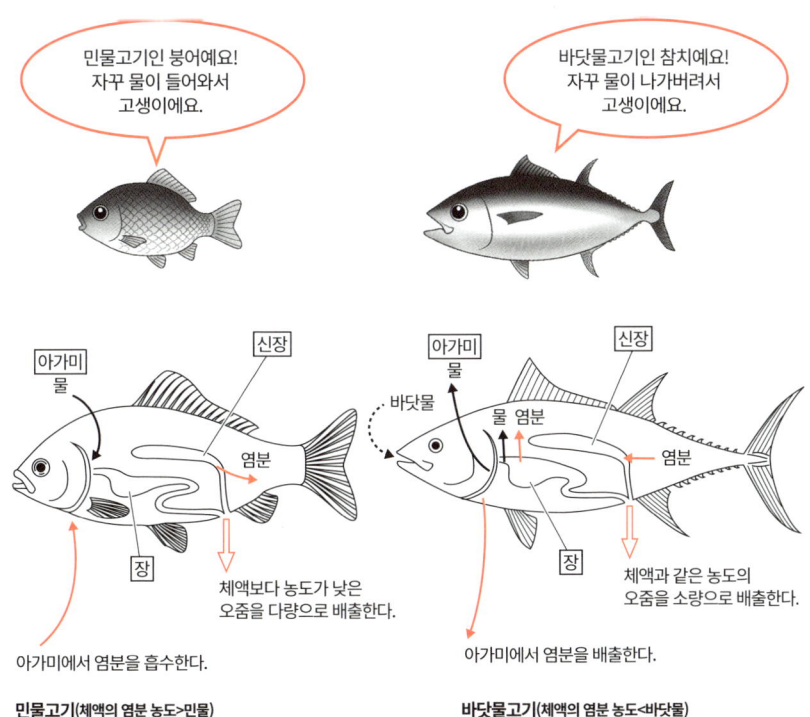

민물고기(←붕어, 잉어, 큰입배스 등)의 체액 속 염분 농도는 외액(=민물)의 염분 농도보다 높아서 몸 안으로 물이 계속해서 들어오는 경향이 있습니다. 따라서 민물고기는 신장에서 저농도의 소변을 다량으로 만들어서 물을 지속적으로 몸 밖으로 배출하고 있죠. 또한 소변에 의해 염분을 잃어버리게 되므로 아가미를 통해 염분을 적극적으로 빨아들입니다.

바닷물고기(←참치, 도미, 꽁치 등)의 체액 속 염분 농도는 외액(=바닷물)보다 낮아서 물이 몸 밖으로 빠져나가는 경향이 있습니다. 따라서 바닷물고기는 신장에서 많은 물을 재흡수해 소변의 양을 줄입니다. 당연히 민물고기보다도 농도가 높은 소변을 만들게 되지만…… 물고기는 자신의 체액보다 진한 소변은 만들어내지 못한답니다. 따라서 물고기는 자신이 만들어낼 수 있는 최대한 짙은, 즉 체액과 같은 농도의 소변을 만들어내죠! 또한 수분을 잃어버리기 때문에 바닷물을 빨아들여서 수분을 보충합니다. 하지만 이때 과도한 염분도 함께 흡수되므로 아가미에서 적극적으로 염분을 배출합니다.

04 면역 ~면역력!? 그게 뭔데?

자, 특가 상품인 '면역'입니다!
항간에 나도는 수상쩍은
건강 상품이나 민간요법에 속아 넘어가지 않도록
제대로 공부해봅시다!

1 면역이란……?

우리의 몸에는 병원체 등의 이물질의 침입을 막거나, 침입한 이물질을 배제해서 몸을 지키는 구조가 있는데, 이것을 면역이라고 합니다.

　면역은 기본적으로 세 가지 단계로 구성됩니다.

❶ 물리적·화학적 방어
❷ 자연면역
❸ 적응면역(획득면역)

❶과 ❷를 합쳐서 자연면역이라고 하는 경우도 있답니다.

면역이란 건 몸 어디서 누가 맡고 있는 건가요?

　❶의 물리적·화학적 방어는 당연히 외부와 인접한 부분에서 맡고 있죠. 예를 들어, 피부나, 기관지나 소화관 같은 기관의 점막 등입니다.

❷나 ❸은 백혈구(⇒p.141)가 맡고 있습니다. 물론 이물질이 침입한 장소에서 일어나지만 림프절이나 비장은 ❸의 적응면역이 일어나는 주요 장소랍니다.

 면역 담당 세포가 등장할 시간이네요! 식세포와 림프구입니다.

우리는 식세포!

왕성하게 식작용을 하는 식세포예요!
빨아들인 이물질과 함께 사멸하는 경우가 많은 다부진 녀석이죠♪

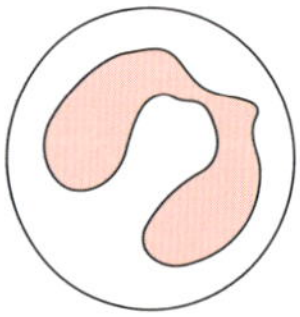

호중구

대식세포

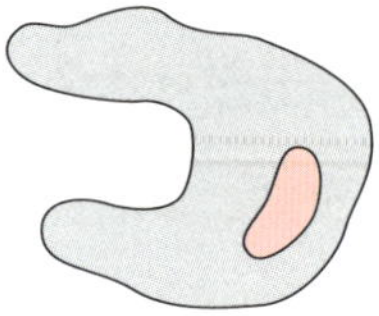

대형 식세포예요! 영어로는 마크로파지라고 하는데, 'macro-'란 커다랗기 때문에 붙은 이름이랍니다! 혈관 안에 있을 때는 단구라는 이름이지만 혈관 밖으로 나오면 대식세포로 이름이 바뀌어요.

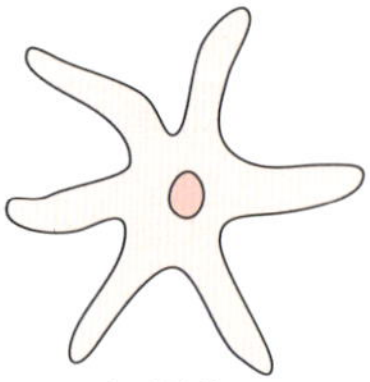

수지상세포

나뭇가지 같은 돌기가 많아서 이런 이름이 붙었어요.
저도 식세포랍니다!
항원제시를 하는 것이 주된 업무예요♪

2 물리적·화학적 방어

그림 ❶의 물리적·화학적 방어에 대해 정리해보겠습니다. 우리의 피부 표면에는 <u>각질층</u>이라는 죽은 세포로 이루어진 층이 있는데, 이 층이 병원체의 침입을 막고 있습니다. 또한 땀이나 지방은 <u>피부 표면을 약산성으로 유지해 미생물의 번식을 막고 있죠.</u> 그리고 땀, 눈물, 침에는 세균의 세포벽을 파괴하는 <u>라이소자임</u>이라는 효소나 세균의 세포막을 파괴하는 <u>디펜신</u>이라는 단백질이 포함되어 있습니다!

'철벽의 방어막'이라는 느낌이네요!

피부 말고도 대단한 부분이 많답니다! 기관지 등의 점막에서는 <u>섬모</u>라는 털의 운동을 이용해 이물질을 몸 밖으로 내보내고 있습니다. 왜 이렇게 안 나가지…… 싶을 때는 기침이나 재채기로 힘차게 배출한답니다.

음식물에 부착되어 침입을 시도하는 병원체의 경우에는 위액이 크게 활약합니다. 위액은 강산성(pH2)이므로 대부분의 세균은 죽고 말죠. 또한 우리의 피부나 장에는 <u>상재균</u>이라는 세균이 있는데, 외부에서 병원체가 들어오더라도 번식하지 못하도록 억제해준답니다.

3 자연면역
① 식세포

물리적·화학적 방어를 돌파했다면 우선은 자연면역!

자연면역은 이물질이 체내에 침투했을 경우 <u>신속하게 작용하는 비특이적인 구조</u>로, 다양한 백혈구에 의해 실시됩니다.

자연면역이라 하면…… 먼저 <u>식작용</u>이 있습니다. 식작용은 오른쪽 페이지 그림처럼 세포막을 역동적으로 움직여서 이물질을 집어 삼킨 뒤, 이물질을 분해하는 작용을 말합니다. 식작용을 실시하는 세포는 <u>식세포</u>라고 하며, <u>호중구</u>, <u>대식세포</u>, <u>수지상세포</u> 등이 대표적인 식세포입니다.

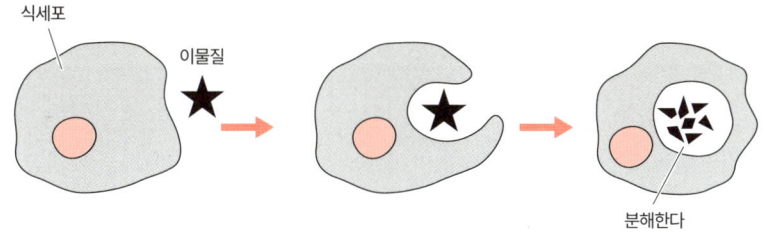

❷ NK세포(림프구의 일종)

병원체를 인식한 대식세포 등은 근처의 모세혈관에 작용해 단구나 NK세포 등의 백혈구를 감염 부위로 유인합니다. 그러면 병원체가 침입한 부위에서는 활발하게 식작용이 일어남과 동시에 NK세포가 감염 세포를 파괴합니다. 이 같은 자연면역이 일어나는 부위는 빨갛게 붓고, 열이나 통증이 생겨나죠. 이 현상을 염증이라고 합니다.

> NK세포는 결국 뭘 죽이는 건가요? 병원체?

좋은 지적이에요. NK세포는 감염된 세포(감염 세포)를 죽인답니다. 바이러스나 일부 세균 등이 세포 안으로 침입하면 세포가 감염되고 맙니다. 이 경우, NK세포는 감염 세포와 정상 세포를 구별해서 감염 세포를 죽여버립니다! NK세포는 암세포도 정상 세포와 구별해서 파괴할 수 있죠.

여기서 이물질을 식작용으로 분해한 수지상세포는 림프절로 이동해 다음 단계인 적응면역을 유도합니다!

4 적응면역

적응면역(획득면역)은 T세포가 자연면역에서 병원체에 반응한 수지상세포 등으로부터 병원체의 정보를 넘겨받으면서 시작되는 반응으로, 병원체에 대해 특이적으로 반응합니다. 또한 적응면역에는 면역기억이 생겨난다는 놀라운 특징이 있습니다.

한 번 걸린 병에 다시 걸리는 경우가 줄어든다는 뜻이군요♪

적응면역의 경우에는 T세포와 B세포라는 림프구가 작용합니다. 이 림프구들은 살짝 서툰 구석이 있죠. 각각의 림프구는 1종류의 항원(←림프구가 인식하는 물질)밖에 인식하지 못하거든요. 하지만 체내에서는 엄청나게 다양한 림프구가 만들어지므로 기본적으로는 어떤 이물질이 들어오더라도 인식 가능한 림프구가 존재하는 셈입니다. 사실…… 이 다양한 림프구 중에는 자신의 성분을 항원으로 인식해버리는 세포도 있습니다만, 자신의 성분에 대해서는 면역이 작용하지 않는 상태를 만듭니다! 이 상태를 면역관용이라고 합니다.

적응면역에는 항체를 이용해 이물질을 배제하는 체액성 면역과, 항체를 이용하지 않고 T세포가 감염세포 등을 배제하는 세포성 면역의 두 가지 반응이 있습니다.

❶ 세포성 면역

그림으로 이미지를 확인하며 세포성 면역의 구조를 설명하겠습니다!

우선…… 병원체를 인식해서 활성화된 수지상세포가 림프절로 이동해옵니다!

이때, 수지상세포는 자신이 삼켜서 분해한 병원체의 단편(항원 단편)을 세포 표면으로 내보냅니다. 이 작용을 **항원제시**라고 합니다.

수지상세포는 제시한 항원에 적합한 T세포와 만나면 T세포를 활성화시키는데, 이때부터 적응면역이 시작됩니다(아래 그림).

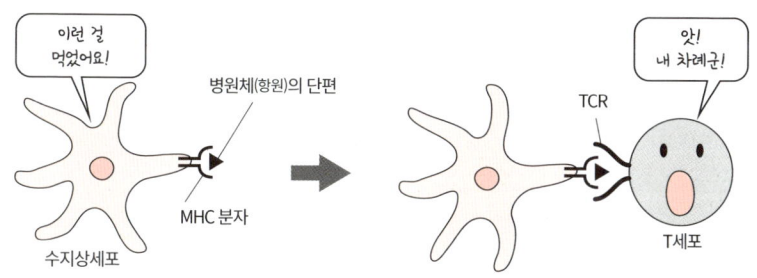

수지상세포로부터의 항원제시를 받아 활성화된 **킬러 T세포**가 증식해 감염 부위로 이동하면 제시받은 병원체에 감염된 세포를 특이적으로 파괴해나갑니다. 이것이 **세포성 면역**입니다(아래 그림).

단칼에 해치워버리는 느낌이 아니라 더 무섭네요(ㅎㅎ).

❷ 체액성 면역

수지상세포로부터의 항원제시를 받아 활성화된 헬퍼 T세포도 킬러 T세포와 함께 증식합니다. 또한 ❶B세포는 병원체를 직접 붙잡아서 활성화됩니다. 그리고 ❷B세포는 동일한 항원에 대해 활성화된 헬퍼 T세포와 만나면 ❸헬퍼 T세포로부터의 보조를 받아 더욱 활성화되어 증식하고, ❹항체생산세포(형질세포)로 분화됩니다. 항체생산세포는 항체를 쑥쑥 방출하죠. 이 항체를 사용해 병원체를 배제하는 반응이 바로 체액성 면역입니다(아래 그림).

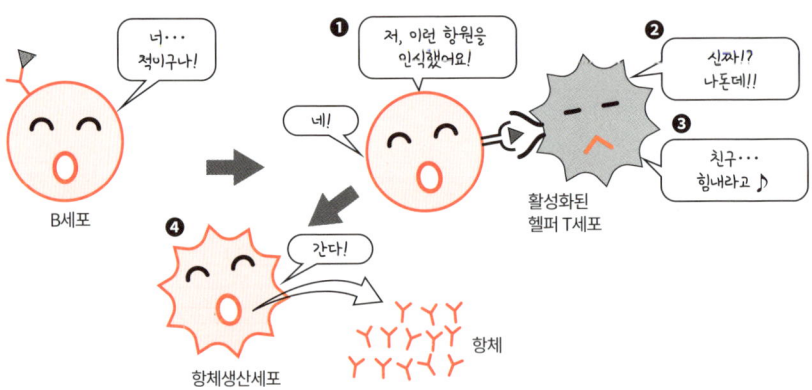

위 그림 속 대화는 ❶→❷→❸→❹의 순서로 읽어주세요!

항체는 어떻게 병원체를 무찌르는 건가요?

항체는 면역 글로불린이라는 이름의 단백질입니다. 항체는 항원과 결합(←항원항체반응이라고 합니다)해서 항원이 나쁜 짓을 하지 못하게 막습니다. 예를 들어, 항원이 된 병원체의 독성을 저하시키거나, 증식하지 못하게 하죠. 그리고 항체가 결합한 항원은 대식세포에 의해 신속하게 배제됩니다(아래 그림).

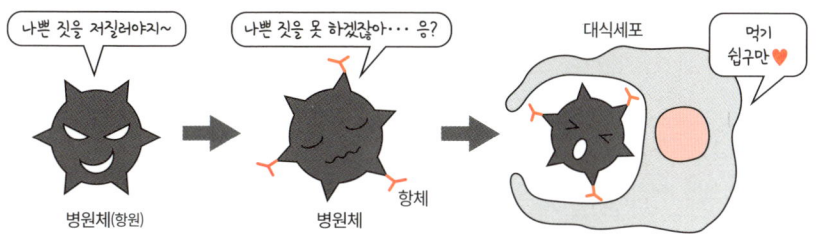

 각각의 항체는 한 종류의 항원밖에는 결합할 수 없지만 우리는 10^9~10^{10}종류나 되는 항체를 만들어낼 수 있기 때문에 실질적으로는 어떤 항원에 대해서도 항체를 만들 수 있답니다.

❸ 면역기억

 드디어 '한 번 걸린 병에는 다시 걸리기 어려워지는' 구조에 대해 배워보겠습니다!

적응면역이 작용하는 과정에서 증식한 T세포와 B세포의 일부는 <u>기억세포</u>로서 체내에 오랫동안 보존됩니다. 그리고 다음에 동일한 항원이 침입했을 때면 기억세포가 빠르게 증식해서 면역반응을 일으킬 수 있죠. 이 두 번째 이후의 면역반응을 <u>2차 면역반응</u>, 처음에 항원이 침입했을 때의 면역반응을 <u>1차 면역반응</u>이라고 합니다. 2차 면역반응은 1차 면역반응보다 빠르고 강한 반응이기 때문에 두 번째 이후로는 발병하지 않고 항원을 배제하는 경우가 많은 것이죠♪

2차 면역반응은 체액성 면역과 세포성 면역 모두에서 일어나는 건가요?

물론이죠! 어느 쪽에서든 2차 면역반응이 일어난답니다!

아래 그림은 유명한 그래프입니다. 0일 시점에서 항원 A를 주사해 항체를 만들게 하고…… 40일 시점에서 항원 A를 다시 주사해 2차 면역반응을 일으킵니다. 2차 면역반응에서는 1차 면역반응보다도 빠르게 대량의 항체가 생산되고 있죠.

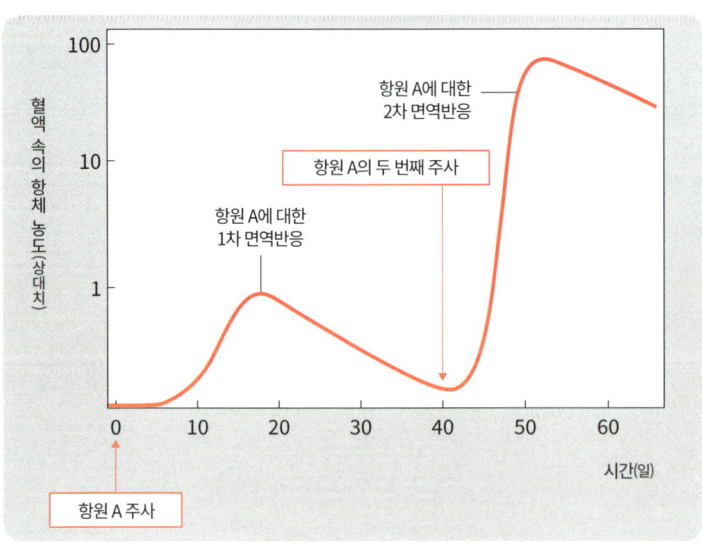

05 면역과 의료

혈청요법은 일본의 기타자토 시바사부로가 개발했습니다.
맞아요, 1000엔짜리 신권에 그려진 초상화가
바로 기타자토 시바사부로랍니다.

❶ 혈청요법

<u>혈청요법</u>은 반시뱀에게 물렸을 때 등에 이용됩니다. 미리 반시뱀의 독소를 말 등의 동물에게 접종해서 그 말로부터 반시뱀 독소에 대한 <u>항체가 포함된 혈청</u>(⇒p.149)을 만들어놓습니다. 반시뱀에게 물렸다면 미리 준비해놓은, <u>항체가 포함된 이 혈청을 환자에게 주사해 체내로 침입한 반시뱀의 독소를 배제합니다</u>. 스스로 면역반응을 일으키기에는 늦을 것 같은 긴급한 상황일 때 혈청요법이 사용됩니다.

예방접종은 항원을, 혈청요법은 항체를 투여하는 거로군요♪

항체를 투여하는 의료행위란 대단히 중요하답니다.

2018년에 노벨 생리학·의학상을 수상한 일본의 혼조 다스쿠가 개발에 참여한 '옵디보'라는 약은 인공적으로 만든 항체입니다. 이 항체는 킬러 T세포가 가진 단백질에 결합해서 암세포에 대한 킬러 T세포의 공격이 약해지지 않게끔 돕는답니다. 굉장하죠?

의학의 진보는 정말로 눈이 휘둥그레질 정도랍니다.

❷ 면역부전증

면역 작용이 저하되고 마는 질병을 **면역부전증**이라고 합니다. **HIV**(인간면역결핍바이러스)에 감염되어서 걸리는 **에이즈**(AIDS, 후천성면역결핍증후군)는 면역부전증의 대표적인 사례입니다.

HIV는 헬퍼 T세포에 감염되어 파괴해버리므로 적응면역의 기능이 극단적으로 떨어지게 됩니다. 그리고 보통은 걸리지 않을 약한 병원체에도 발병해버리는 **기회감염**을 일으키거나, 암 등의 발병률을 높입니다.

참고로 HIV는 **H**uman **I**mmunodeficiency **V**irus의 약자이며, AIDS는 **A**cquired **I**mmune **D**eficiency **S**yndrome의 약자입니다.

❸ 면역의 이상 반응

❶ 알레르기

원래대로라면 몸을 지켜주는 면역이지만 지나친 반응이나 이상 반응을 일으켜 몸에 해를 끼치는 경우가 있습니다.

에…… 에에…… 에취이~!

무해한 이물질과 반복적으로 접촉했을 때, 이 이물질에 대해 비정상적인 면역 반응을 일으키는 경우가 있는데, 이 현상을 **알레르기**라고 합니다. 알레르기의 원인이 되는 물질은 **알레르겐**이라고 합니다. 알레르겐으로는 삼나무 꽃가루, 식품 등 다양한 물질이 있습니다.

알레르겐에 따라서는 급격한 혈압 저하나 호흡 곤란 등 강한 쇼크 증상을 일으키는 경우가 있으며, 이를 **아나필락시스 쇼크**라고 합니다. 생명이 위급해지는 위험한 현상이죠.

❷ 자가면역질환

 '면역관용(⇒p.178)'을 기억하고 있나요?

면역관용의 구조는 무척 정교하게 짜여 있습니다만, 현실적으로 100% 완벽하지는 않습니다. 자신의 성분이 수지상 세포 등으로부터 제시되었을 때 림프구가 활성화되어서 자신의 성분에 대한 면역반응이 일어나버리는 경우가 있는데, 이를 자가면역질환이라고 합니다.

자가면역질환의 예로는 팔다리의 관절 세포를 공격해서 염증을 일으키는 관절 류머티즘, 랑게르한스섬의 B세포를 공격해버리는 1형 당뇨병(⇒p.167), 신경에서 근육으로의 신호를 접수하는 수용체를 공격해서 전신의 근력을 저하시키는 중증근무력증 등이 있습니다.

❹ mRNA 백신에 의한 예방접종

 신형 코로나바이러스의 중증화를 예방하기 위해 접종한 백신이 mRNA백신이었죠.

 맞아요. 오랜 연구가 축적된 대단한 기술이죠. 어떤 구조로 예방 효과를 발휘하는지에 대해 알아봅시다.

❶ 신형 코로나바이러스는 어떻게 증식하는가

신형 코로나바이러스는 유전자로서 RNA를 갖춘 RNA 바이러스로, RNA가 엔벨

로프라는 지질에서 생겨난 막에 감싸여 있고, 표면에 여러 종류의 스파이크 단백질이 결합해 있습니다(오른쪽 그림). 크기는 약 100nm로, 마스크를 뚫을 수 있느냐 없느냐를 두고 의논이 분분한 크기죠.

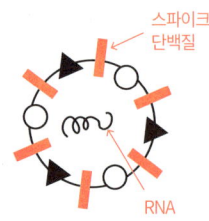

그림 속의 스파이크 단백질이 인간의 세포막에 있는 ACE2라는 단백질과 결합하면 이를 발판 삼아 바이러스의 RNA가 세포 안으로 방출됩니다. 이 RNA가 복제됨과 동시에 번역되어 바이러스 단백질이 만들어집니다. 바이러스 단백질이 소포체에서 골지체로 보내지는 과정에서 복제된 바이러스의 RNA와 합쳐지고, 새로운 바이러스가 만들어지면서 최종적으로 **세포외배출작용**(⇒p.22)에 의해 바이러스가 세포 밖으로 방출됩니다(아래 그림).

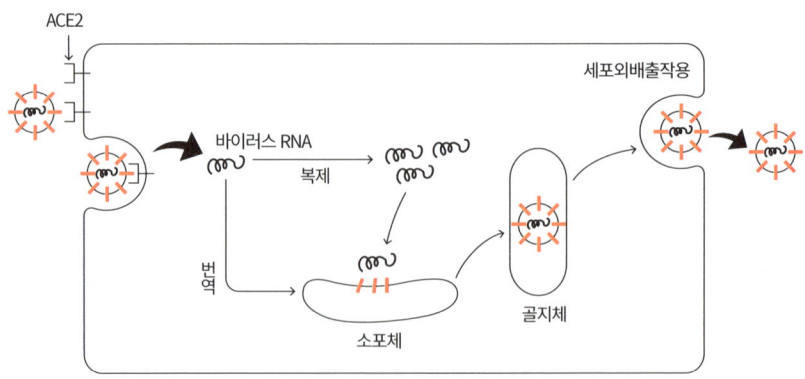

스파이크 단백질에 항체를 붙여서 ACE2와의 결합을 방해한다면 바이러스의 증식을 억제할 수 있을 것 같은데요.

❷ mRNA 백신에 의해 면역기억이 성립되는 구조

'핵산 의약품'이라는 용어를 들어보신 적이 있으신가요? '약'에는 다양한 종류가 있지만 그중에서도 비교적 새로운 종류의 약입니다. 핵산 의약품은 이름 그대로 '핵산을 의약품으로서 투여하는' 것으로, 코로나 펜데믹 이전부터 전 세계에서 유효성이나 안전성에 대한 연구가 왕성하게 이루어지고 있었습니다. 근디스트로피, 미토콘드리아 유전병, 암, 아토피성 피부염 등에 대한 핵산 의약품을 대상으로 연구가 진행되어왔죠. 개중에는 이미 승인을 얻어 의료 현장에서 사용되는 의약품도 존재합니다. 즉, 핵산을 세포 안으로 투입시키는 기술은 신형 코로나바이러스에 대한 mRNA 백신 이전부터 존재했던 셈이죠.

기본적으로 핵산은 세포막을 통과하지 않으므로 핵산 의약품에는 세포 안으로 핵산을 고스란히 전달하는 기술이 필요합니다. 기본적으로는 인지질이 주성분인 세포막(⇒p.21)과 친화성이 높은 지질로 핵산을 감싸서 투여해 지질과 세포막을 융합시키는 형태로 세포에 핵산을 침투시키는 전략을 취하고 있죠(아래 그림). 실제로 신형 코로나바이러스의 mRNA 백신은 바이러스의 스파이크 단백질(혹은 그 일부)의 정보를 지닌 mRNA를 지질 막으로 감싼 것입니다.

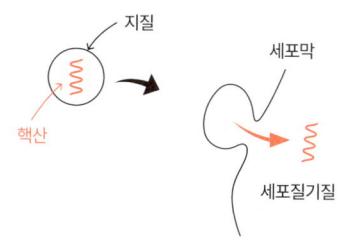

핵산을 세포 안으로 운반하는 구조(DDS: Drag Delivery System)

그럼 mRNA 백신에 의해 어떠한 면역기억이 성립하는지를 알아봅시다. 백신을 주사하면 지질에 감싸인 mRNA가 세포 안으로 들어가고, 이는 리보솜에서 번역되어 스파이크 단백질이 형성됩니다. 그리고 합성된 스파이크 단백질은 MHC 분자(⇒p.179)를 타고 세포막에 제시됩니다!

이걸 T세포가 TCR(⇒p.179)이라는 수용체로 인식하는 거군요!

맞아요! 항원제시까지의 과정은 아래 그림과 같습니다. 이때, 주사된 mRNA 백신은 다양한 세포에 보내질 가능성이 있습니다. 헬퍼 T세포에 항원을 제시하는 클래스 II MHC 분자를 가진 수지상세포나 대식세포로도 보내지죠. 그러면 대부분의 세포가 가졌으며 킬러 T세포에 항원을 제시하는 클래스 I MHC 분자뿐 아니라 클래스 II MHC 분자에 의한 항원제시도 이루어지기 때문에 스파이크 단백질을 인식해서 면역 반응을 일으키는 킬러 T세포와 헬퍼 T세포 모두를 활성화시킬 수 있습니다. 활성화된 T세포는 세포기억으로서 남게 되므로

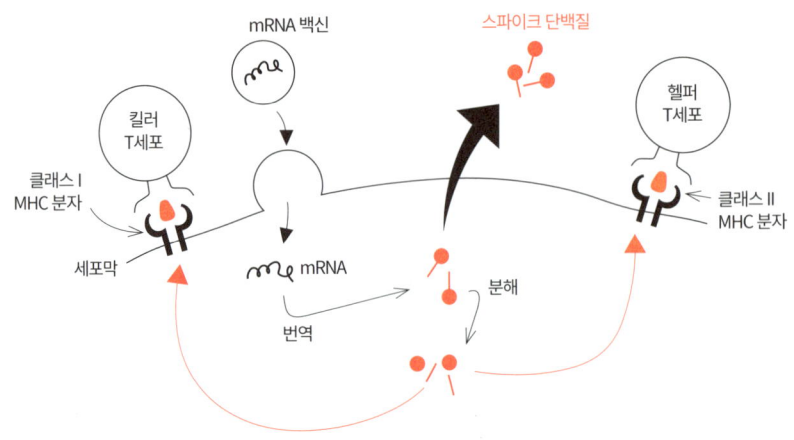

세포성 면역의 면역기억, 체액성 면역의 면역기억이 모두 성립됩니다.

또한 mRNA 백신이 보내진 세포가 세포 밖으로 스파이크 단백질을 방출하고, 이에 대한 항체를 생산할 수 있는 B세포가 활성화되어 항체생산세포로 분화해 항체가 생산됩니다.

뉴스 등에서 '백신 접종으로 항체가 만들어진다'라는 표현이 사용되곤 하죠. 반복적으로 백신을 접종하면 2차 면역반응이 일어나므로 다량의 항체가 생산되고, 침입한 바이러스를 체액 속에 존재하는 항체로 빠르게 배제할 수 있게 되며, 중증화 등을 억제할 수 있게 됩니다.

항원(의 일부)을 스스로 만들어서 그걸 기억하는 구조랍니다.

굉장한 구조네요!

6장 식물의 일생과 환경적 반응

식물은 움직일 수 없다! 그렇기에 대단하다!

고등학교 생물 교과서에서 식물을 다루는 페이지 수는 동물을 다루는 페이지 수보다 압도적으로 적습니다. 그리고 아직까지 고전적인 내용도 많이 다루고 있죠. 대사나 유전정보와 마찬가지로 동물에 대해서는 분자 단위에서 다루고 있지만 식물은 이와 대조적입니다. '식물 분야는 재미없어!'라고 말하는 수험생이 적지 않은 원인 중 하나가 여기에 있을지도 모릅니다.

하지만 이번 장에서는 식물이 얼마나 굉장한지를 알아보기에 충분한 내용을 다루어보도록 하겠습니다. 특히 환경의 변화 등에 대한 식물의 반응은 굉장하답니다!

벌레가 잎을 갉아먹을 때면 식물은 도망칠 수 없습니다. 그러면 포기할까요? 아니죠! 그러면 어떻게 할지 궁금하지 않으신가요? 추울 때나 더울 때 어떻게 대응하는지 무척이나 신경이 쓰이실 테죠! 식물이 어떻게 적절한 타이밍에 정확히 꽃을 피우는지 정말 신기하지 않으신가요?

어머니가 꽃꽂이 선생님이신 저로서는 식물에 대한 넘칠 듯한 사랑을 표현하고 싶지만, 여기서는 고등학교 생물에서 다루는 내용으로 범위를 좁혀보겠습니다.

6장에서는 씨앗의 발아부터 성장, 그리고 개화와 식물의 일생에 대해 알아보겠습니다. 각각의 구조에 대해 '아하, 이건 이치에 딱 맞는 구조구나!' 하는 감동이 전달되기를 바랍니다. 학창시절에 '이 구조도, 저 구조도 모두 외워야 한다니…… 큰일이야~'라고 생각했던 분도 계시지 않을까요. 하지만 어른이 된 지금은 순수하게 굉장하다~ 하고 감탄하면서 즐겨보도록 합시다.

01 식물의 발아와 성장의 조절

 식물에는 눈이나 귀는 없지만 환경 요인을 수용하고 있답니다!

그렇게 생각해보면 대단하네요!

 중력을 수용해서 휘어지기도 하고, 빛을 수용해서 기공을 열기도 하고…… 재미있죠~♥

그러고 보니 선생님은 식물을 무척 좋아하셨죠!

❶ 광수용체

식물이 환경 요인을 수용하는 구조는 다양하지만 빛의 수용은 특히 중요합니다! 빛을 시그널(=정보)로 수용하기 위한 단백질을 <u>광수용체</u>라고 합니다.

　광수용체에는 청색광을 흡수하는 <u>포토트로핀</u>과 <u>크립토크롬</u>, 적색광을 흡수하는 <u>피토크롬</u>이 있답니다.

 '굴광성'은 영어로 phototropism! 굴광성이 일어날 때 빛을 수용하는 단백질이기 때문에 포토트로핀!

　포토트로핀은 굴광성 외에 기공의 개폐 등에도 관여합니다. 크립토크롬은 줄기의 성장 억제 등에 관여하고 있죠.

그렇다면…… 굴광성은 청색광에 대한 반응인가요?

맞아요! 옆에서 적색광을 비추더라도 휘어지지 않아요!

피토크롬은 특히 중요합니다! 자세히 꼼꼼하게 짚고 넘어갑시다. 피토크롬은 Pr형(적색광흡수형)과 Pfr형(원적색광흡수형)의 두 가지 형태가 있습니다.

적색광(Red light)을 흡수하기 때문에 Pr형, 원적색광(Far Red light)를 흡수하기 때문에 Pfr형입니다! 어원이 중요하죠!

Pr형은 적색광을 흡수해서 Pfr형이 되고, Pfr형은 원적색광을 흡수해서 Pr형으로 돌아가는 식으로 가역적으로 변합니다. Pr형 피토크롬은 불활성형으로, 세포질에 있습니다. 한편 Pfr형 피토크롬은 활성형으로, 핵 안으로 들어가 특정 유전자의 발현을 변화시킨다는 사실이 밝혀진 바 있습니다.

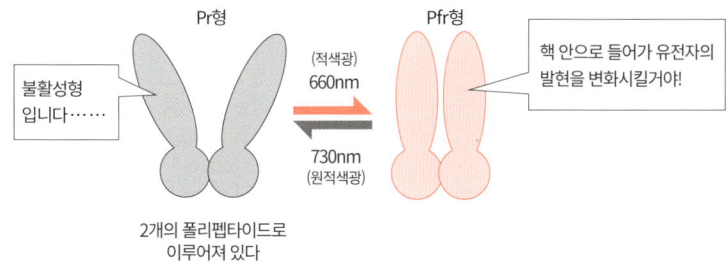

피토크롬은 광발아종자의 발아(⇒p.195), 꽃눈형성(⇒p.198) 등 다양한 현상에 관여합니다.

> 적색광이나 청색광이라 하면 광합성에서 자주 사용되는 파장의 빛이죠.

❷ 식물 호르몬

> 전에 딸아이와 함께 나팔꽃 씨를 뿌렸답니다.

> 훈훈한 휴일의 한 장면이네요.

> 종자 발아의 구조를 중얼중얼거리면서 말이죠!

> 자녀분은 초등학생 맞죠? 영재교육이네요……(-_-;)

대부분의 식물은 씨앗이 만들어지면 일단 <u>휴면</u>이라는 상태로 들어갑니다. 휴면은 환경 조건이 갖추어졌다 하더라도 발아가 불가능해지는 상태로, 이를 통해 생육에 적합하지 않은 시기를 극복하거나 씨앗을 멀리까지 운반시키기도 합니다. 씨앗이 만들어지는 과정에서 <u>아브시스산</u>이라는 호르몬이 축적되는데, 아브시스산에 의해 씨앗은 휴면 상태에 들어갑니다.

보리 등 여러 식물의 발아는 배(胚)에서 <u>지베렐린</u>이라는 식물 호르몬이 만들어지면서 촉진됩니다. 보리 씨앗의 발아를 예로 들어 알아봅시다!

배가 '발아해야지~!' 하면 배에서 지베렐린이 분비됩니다. 지베렐린은 <u>호분층</u>의 세포에 들어가서 작용합니다.

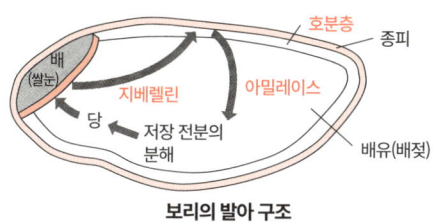

보리의 발아 구조

 배유에서 가장 바깥쪽 부분이 호분층이에요!

그러면 호분층의 세포에서 아밀레이스가 합성되고, 이것이 배유로 분비됩니다! 그리고 배유에 축적되는 저장 전분이 아밀레이스에 의해 분해되고, 당이 생겨납니다. 이렇게 생겨난 당에 의해 침투압이 상승해서 흡수가 촉진되거나, 당을 사용해 호흡이 촉진되면서 배가 성장해…… 종피를 파사삭 찢고 나와서 발아한답니다.

❸ 광발아종자

 호분층의 세포의 경우, 휴면 중에는 아밀레이스 유전자의 전사가 억제되고 있지만 지베렐린에 의해 억제가 해제됩니다.

발아가 빛에 의해 촉진되는 씨앗을 광발아종자라고 합니다. 양상추, 담배, 긴잎달맞이꽃 씨앗 등이 대표적인 사례죠.

 어느 파장의 빛에서나 발아가 촉진되지는 않습니다! 발아의 촉진에는 적색광이 유효하지요. 그렇다는 말은……

피토크롬이네요!

정답! 배에 있는 피토크롬이 적색광을 흡수해서 Pfr형이 되면 지베렐린의 합성이 촉진된답니다. 하지만 피토크롬의 변화는 가역적이므로 적색광을 쬐어준 직후에 원적색광을 쬐어주면 적색광의 효과가 상쇄되고 말아서 발아하지 않습니다.

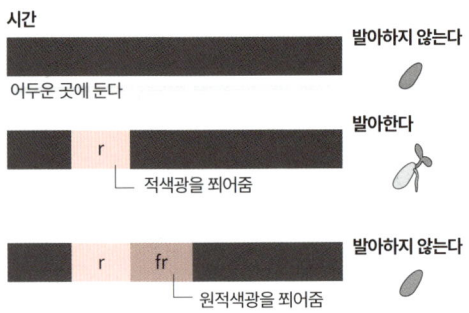

적→원적→적→……
이렇게 교대로 쬐어주었을 경우, 마지막으로 쬐어준 빛의 효과가 나타납니다!
위 그림을 참조하세요♪

적색광에서 발아가 촉진되고, 원적색광에서 발아가 억제된다는 말입니다. 여기에는 어떤 의의가 있을까요?

앗! 위쪽에 잎이 무성하게 자라난 환경에서는 발아하지 않는다는 뜻이군요!! 이해했어요!!

맞아요. 위쪽에 잎이 무성하게 자라난 환경에서 발아했다가 광합성을 하지 못해 말라죽어버리는 비극을 막을 수 있죠. 광합성에서는 원적색광을 거의 사용할 수 없답니다. 그래서 광발아종자를 만드는 식물은 기본적으로 양생식물 (←광 보상점이 높은 식물을 말합니다!)입니다. 음생식물이었으면 위쪽에 잎이 무성한 환경에서도 자라날 수 있겠죠.

　광발아종자와는 반대로 빛에 의해 발아가 억제되는 씨앗도 있는데, 이를 **암발아종자**라고 합니다. 호박 등이 암발아종자를 만드는 식물의 대표적인 사례입니다. 일반적으로 암발아종자는 크기가 크고 많은 영양분을 저장하고 있는 씨앗이랍니다.

02 식물의 환경적 반응 ~ 꽃을 피우는 구조

국화꽃은 언제 필까요?

가을일 것 같은데요……

정답! 그런 상식이 중요하답니다! 코스모스는?

가을이요! 일본에서는 '가을 벚꽃'이라고도 한다잖아요!

생물이 낮과 밤의 길이 변화에 반응하는 성질을 **광주성**이라고 합니다. 많은 식물의 **꽃눈형성**은 광주성에 의해 일어난다는 사실이 알려져 있죠. 꽃눈은 경정 분열조직(←줄기나 잎을 만드는 분열조직)이 변해서 생겨난 '꽃을 만드는 줄기'를 말합니다.

❶ 꽃눈형성과 빛

밀, 유채(오른쪽 페이지 왼쪽 사진), 시금치 등은 낮의 길이가 일정 이상이 되면 꽃눈이 형성됩니다. 이러한 식물을 **장일식물**이라고 합니다.

　나팔꽃, 대두, 국화, 코스모스(오른쪽 페이지 오른쪽 사진) 등은 낮의 길이가 일정 이하가 되면 꽃눈이 형성됩니다. 이러한 식물을 **단일식물**이라고 합니다.

　또한 이와 달리 꽃눈형성에 낮의 길이가 관여하지 않는 식물을 **중성식물**이라고 하는데, 토마토, 완두콩, 옥수수 등이 대표적인 사례랍니다.

그럼, 식물은 어떻게 낮의 길이 변화를 감지하는 걸까요?

단일식물과 장일식물을 사용해 인공적으로 낮의 길이를 변화시켜서 꽃눈형성의 유무를 조사한 결과를 모식도로 나타낸 것이 아래 그림입니다.

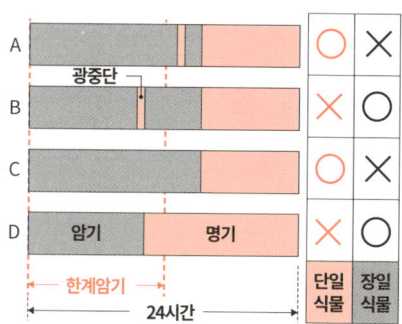

그림 속의 한계암기(限界暗期)란, 꽃눈이 형성될지 아닐지를 나누는 경계를 말합니다. 실제로 한계암기의 길이는 식물마다 정해져 있죠.

단일식물은 연속된 암기가 한계암기를 넘어서면 꽃눈을 형성한답니다!

선생님, '연속된 암기가······'란 말씀은 밤의 길이가 중요하다는 건가요?

맞아요! B와 C의 실험은 낮의 길이(=명기의 길이)가 동일한데 결과가 다르게 나왔죠. B와 D의 실험은 낮의 길이가 다른데도 같은 결과가 나왔고요. 그러니 낮의 길이에 따라 꽃눈형성의 유무가 정해지는 것은 아닌 듯하죠?

그리고 B의 실험에서는 암기 중간에 아주 잠깐 빛을 쪼였습니다. 암기의 총 길이는 C의 실험과 거의 동일한데 결과가 다르니 암기의 총 길이에 따라 꽃눈형성의 유무가 정해지는 것도 아닌 듯하네요!

B와 D의 결과가 동일한 것까지 합쳐서 생각해보면 확실히 연속된 암기가 중요한 것 같네요!

맞습니다! B의 실험에서는 암기 도중에 빛을 쪼여서 결과가 변했죠. 이처럼 빛을 쪼여서 결과를 변하게 하는 것을 <u>광중단</u>이라고 합니다.

❷ 꽃눈형성의 구조와 플로리겐

식물이 연속암기의 길이를 감지하는 장소는 <u>잎</u>입니다! 잎으로 연속암기의 길이를 감지하면 그곳에서 꽃눈형성을 촉진하는 호르몬인 <u>플로리겐</u>이 만들어지고, 이것이 체관을 통해 경정분열조직에 작용하죠. 따라서 실험적으로 잎을 모두 제거해버린 식물에서는 일장조건이 갖추어지더라도 꽃눈이 형성되지 않습니다.

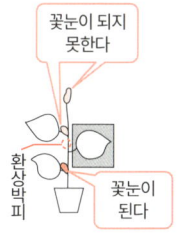
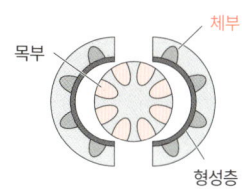

위 왼쪽 실험 결과를 봐주세요! 사용한 식물은 도꼬마리 등의 단일식물입니다. 회색으로 에워싸인 잎만 단일처리(=한계암기 이상의 연속된 암기를 부여하는 처리)를 하고, 그 잎의 바로 위쪽 줄기에 환상박피를 실시했습니다.

 환상박피는 줄기의 형성층보다 바깥쪽을 깎아내는 것을 말합니다 (위 오른쪽 그림을 참조). 이로 인해 체관이 끊어져버리죠.

환상박피를 한 위치보다 위쪽으로는 플로리겐이 경정분열조직에 도달하지 못해 꽃눈이 형성되지 못했습니다.

 플로리겐은 잎에서 만들어지고, 체관을 통해서……
그런데 플로리겐이란 뭔가요? 단백질?

놀랍게도 맞혔어요! 플로리겐은 단백질이랍니다! 플로리겐의 실체인 단백질은 발견되기까지 우여곡절을 겪은 탓에 식물에 따라 이름이 다르답니다. 참 곤란하죠.

애기장대의 플로리겐은 FT, 벼의 플로리겐은 Hd3a라는 단백질입니다.

❸ 춘화

밀은 장일식물이죠. 밀 중에서도 가을밀은 가을에 씨앗을 뿌려서 이듬해 초여름에 꽃눈이 형성됩니다. 하지만 가을밀의 씨앗을 봄에 뿌린다 해서 초여름에 꽃눈이 형성되지는 않습니다.

일장조건 이외의 요인과 관련이 있는 건가요?

맞아요. 봄에 뿌린 씨앗이 발아했을 때, 0~10℃의 저온 조건하에 한동안 놔둔 뒤 생육시키면 초여름에 꽃눈이 형성됩니다. 즉, 저온을 겪은 적이 없다면 일장조건이 갖추어지더라도 꽃눈이 형성되지 않는다는 뜻이죠. 이처럼 저온의 경험에 의해 꽃눈형성 등의 현상이 촉진되는 현상을 춘화(春化)라고 합니다.

춘화는 봄과 가을을 헷갈리지 않기 위한 구조라고 생각됩니다.

7장 동물의 환경적 반응

~신경계에 대해 알아보자
뇌는 우주다! 배울수록 신기한 뇌

뇌…… 이곳은 인류가 아직 미처 해명하지 못한 사실이 산더미처럼 많은 영역입니다. 이를테면 '행복한 기분'이란 현상의 실체는 무엇일까요? '짜증나는 기분'의 실체는 무엇일까요? 이런 것들이 해명된다면 세상은 어떻게 달라질까요. 직장에서 짜증이 나지 않는 방법이 확립된다면 기쁘겠는데!(←혼잣말입니다)

신경계에 대해서는 연구가 축적되면서 다양한 사실이 밝혀지고 있지만 아직은 수수께끼가 많습니다. 신경계 분야에서 재미있는 점은 '아직도 밝혀지지 않은 사실이 잔뜩!'이라는 점이 아닐까 싶네요. 또한 일상생활 속에서도 문득 '이거 굉장하지 않아?'라고 생각될 때가 있을 듯합니다. 저는 학창시절부터 줄곧 테니스를 쳐왔습니다만, 날아오는 공의 궤도나 속도를 예측해서 적절히 라켓을 휘두르고, 상상했던 장소에 상상한 대로 회전시켜서 공을 꽂아 넣습니다. 이때 제 뇌에서는 얼마나 복잡한 일이 벌어지고 있을까요……? 정신이 아득해질 것 같네요.

7장에서는 수용기(눈이나 귀), 중추신경(뇌, 척수), 근육, 그리고 이것들을 이어주는 신경에 대한 기본을 배워보겠습니다. '사물이 보인다', '근육이 움직인다', '신경이 흥분한다'란 무엇을 말하는지. 분자 단위에서 이루어지는 뇌의 놀라운 구조를 접해보시기 바랍니다. '좀 더 알고 싶으니 인터넷으로 찾아보자!'라는 마음이 솟아난다면 좋겠네요.

01 뉴런이란?

중요한 일을 앞두면 긴장하나요?

네, 저…… 엄청 긴장해요!

긴장하거나 초조한 것은 영어로 'nervous'
라틴어로 신경섬유를 의미하는 nervus가 어원이랍니다!

긴장을 완화시켜주는 조언을 해주시려던 게 아니었군요…….

❶ 자극의 수용

동물은 외부로부터의 자극을 수용기로 받아들여서 자극에 대한 반응을 일으킵니다. 이때 반응을 일으키는 근육 등을 효과기(작동체)라고 하는데, 뇌와 같은 중추신경계가 말초신경계를 통해 수용기와 효과기 사이의 연락을 맡습니다.

❷ 뉴런

신경계를 구성하는 기본 단위는 뉴런(신경세포)입니다. 뉴런의 구조는 오른쪽 페이지 그림을 봐주세요. 뉴런은 핵이 있는 세포체, 길게 뻗어 나온 돌기인 축삭(신경섬유), 갈라져 나온 짧은 돌기인 가지돌기라는 세 부분으로 이루어져 있습니다. 대부분의 축삭은 슈반세포라는 세포가 감싸서 생겨난 신경초라는 얇은 막으로 싸여 있습니다.

우리 척추동물의 신경섬유 대부분에는 슈반세포가 여러 겹으로 감긴 **말이집**이라는 구조가 존재하는데, **말이집 신경 섬유**라고 합니다. 한편 무척추동물의 신경세포에는 말이집이 없기 때문에 **민말이집 신경 섬유**라고 한답니다.

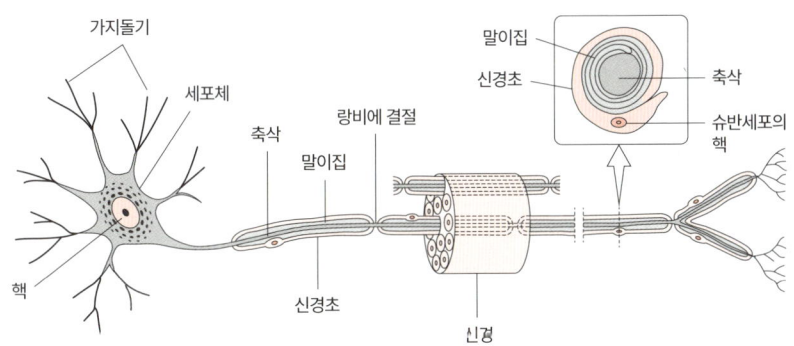

그림에서 **랑비에 결절**이란 건 뭔가요?

말이집이 끊긴 부분이랍니다.
프랑스의 랑비에가 발견했다는 사실에서 붙은 이름이죠.

또한 신경섬유 여러 가닥이 모여서 다발을 이룬 것을 가리켜 **신경**이라고 합니다.

신경은 신경섬유 다발! 신경은 다발!! 신경은 다발이에요!!!

뉴런에는 다양한 종류가 있지만 크게 다음의 세 가지로 나눌 수 있습니다.

❶ **감각뉴런**: 수용기로 받은 정보를 중추에 전달한다.
❷ **개재뉴런**: 중추신경계를 구성하며 복잡한 신경 네트워크를 형성한다.
❸ **운동뉴런**: 중추로부터의 정보를 효과기에 전달한다.

감각뉴런은 아래의 그림처럼 축삭이 갈라져 나온 구조를 띠고 있답니다!

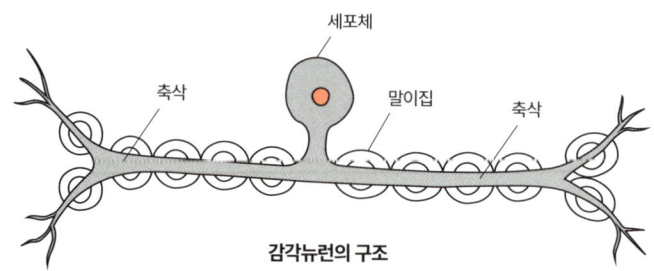

감각뉴런의 구조

 제트코스터를 타면 흥분되죠!

 맞아요. 그런데 그 얘기는 왜 갑자기?

 생활 속에서 느끼는 '흥분'과 이 분야에서 사용되는 '흥분'은 조금 뉘앙스가 다르니 주의해주세요.

 그 얘기를 하고 싶으셨군요.

❸ 휴지 전위

뉴런의 축삭 안으로 전극을 넣어서 자극을 받지 않은 상태에서 세포 안팎의 전위를 측정해보면 세포막의 바깥쪽이 +, 안쪽이 −로 대전되어 있음을 알 수 있습니다. 이때 세포막 안팎의 전위차를 휴지 전위라고 합니다.

 '전위'는 전기적인 에너지의 높이를 말합니다.

축삭의 세포막에는 소듐(나트륨) 펌프가 작용하고 있어서 세포 바깥은 Na^+ 농도가 높고, 세포 안쪽은 K^+ 농도가 높아져 있죠. 그리고 세포막에는 항상 열려 있는 포타슘(칼륨) 통로가 있는데, 이 통로를 통해 K^+가 세포 밖으로 새나가기 때문에 세포막 바깥쪽은 +로 대전되어 있는 것이랍니다.

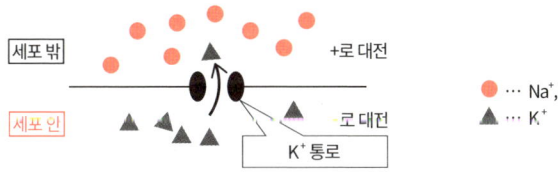

❹ 활동 전위와 흥분

뉴런에 자극을 가해봅시다! 그러면 세포 안팎의 전위가 순간적으로 역전되었다가…… 원래대로 돌아옵니다. 이러한 전위 변화를 활동 전위라고 하며, 활동 전위가 발생하는 현상을 흥분이라고 합니다.

 어떤 원리로 전위가 역전되는 건가요?

뉴런의 세포막에는 전위 변화에 따라 열리는 소듐(나트륨) 통로(←전위 의존성 소듐 통로)가 있습니다. 자극을 받으면 이 통로가 열리면서 Na^+가……

 세포 안으로 들어오는군요! 앗, 그러면 세포 안쪽이 +가 되겠네!

맞아요! 그리고 조금 늦게 **전위 의존성 포타슘 통로**가 열려 K⁺가 유출되면서 원래의 전위로 돌아오게 되죠.

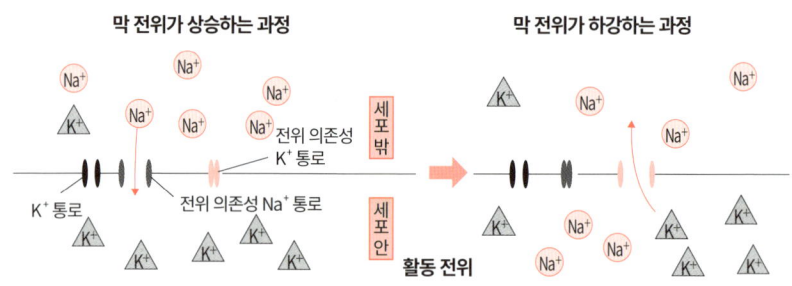

활동 전위의 모습을 측정한 그래프가 아래 왼쪽 그림입니다. 세포막 바깥쪽을 기준으로 세포 안의 전위를 측정하고 있으므로 휴지 전위 상태에서는 -가 되어 있습니다(❶).

이 그래프에서 휴지 전위는 -60mV입니다. 그리고 Na⁺의 유입에 의해 세포 안의 전위가 +가 됩니다(❷). 그리고 K⁺의 유출에 의해 본래의 전위로 돌아옵

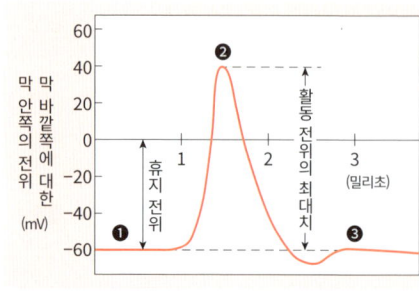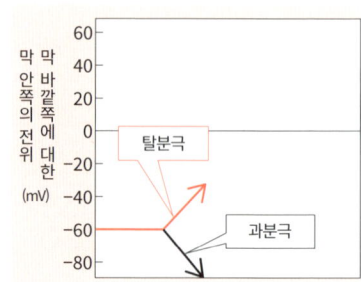

니다(❸). 이 그래프에서 활동전 위의 최대치는 100mV입니다.

중요한 용어를 짚고 넘어가겠습니다! 막 전위가 휴지 전위의 상태에서 + 방향으로 변하는 것을 탈분극, - 방향으로 변하는 것을 과분극이라고 합니다.

 척추동물의 신경세포의 대부분은 말이집 신경 섬유입니다.

 네, 똑똑히 기억하고 있어요!

 말이집 신경 섬유는 대단하답니다! 어떤 점에서 대단한지 알겠나요?

 말이집이 뭔가를 하나 본데…….

❺ 흥분의 전도

뉴런이 자극을 받아 흥분하면 인접한 휴지부와의 사이에 국소적인 전류가 흐릅니다. 이 전류를 활동 전류라고 합니다. 전류는 +에서 -로 흐르므로 오른쪽 그림과 같은 방향으로 흐릅니다.

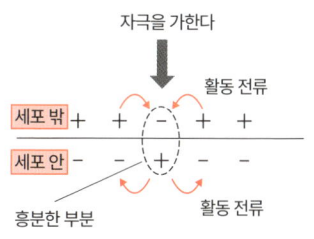

이 전류가 자극으로 작용해 인접한 부분이 흥분합니다. 그리고 연이어 인접한 부분에 전류가 흐르는 식으로 흥분이 축삭으로 계속 전달됩니다. 이것을 흥분의 전도라고 합니다.

 흥분한 부분과 직전에 흥분했던 부분 사이에서는 전류가 흐르지 않나요?

무척 날카로운 질문이에요! 오른쪽 그림처럼 축삭 중간에 자극을 받았을 경우, 자극을 받은 부위에서 그와 인접한 부분으로 흥분이 전도되면 직전에 흥분했던 부위와의 사이에서 활동 전류가 흐릅니다.

하지만 흥분을 마친 직후의 부분은 한동안 자극에 반응할 수 없는 <u>불응기</u>라는 상태가 되므로 흥분하지 않습니다. 따라서 흥분이 되돌아오는 듯한 전도는 일어나지 않죠.

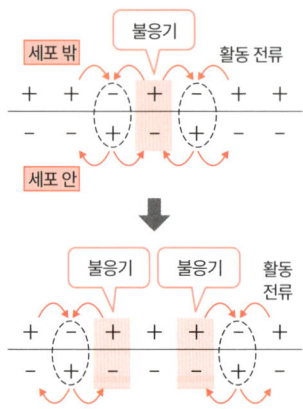

❻ 도약 전도

자, 앞서 했던 질문인 '말이집 신경 섬유의 무엇이 대단한가?'의 정답을 찾아보도록 하죠! 말이집 신경 섬유의 <u>말이집은 절연성이 높으므로 말이집 부분에는 활동 전류가 흐르지 않습니다</u>. 따라서 말이집 신경 섬유에서는 활동 전류가 <u>랑비에 결절에서 랑비에 결절로 흐르는데, 흥분이 랑비에 결절 사이를 도약하듯이 전도됩니다</u>. 이러한 전도를 <u>도약 전도</u>라고 합니다.

<u>말이집 신경 섬유는 도약 전도를 실시하기 때문에 흥분을 전도하는 속도가 민말이집 신경 섬유보다 월등히 빠릅니다</u>. 말이집 신경 섬유가 왜 대단한지, 알겠죠?

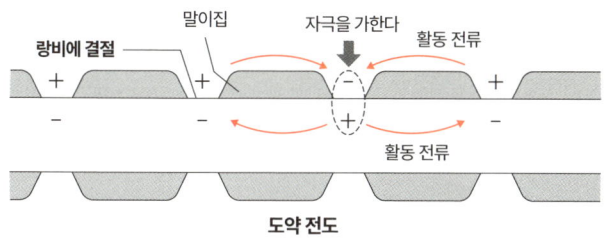

도약 전도

도약 전도는 1938년에 일본의 다사키 이치지가 발견했습니다. 1938년이라고요! 꽤나 옛날이죠?

❼ 흥분의 전달

흥분이 축삭 말단(신경종말)까지 전도되면 다른 뉴런에 흥분을 전달합니다. 이를 흥분의 전달이라고 합니다. 전도와 헷갈리지 않도록 주의하세요!

　축삭 말단은 약간의 틈을 두고 다른 뉴런이나 효과기와 연락하는데, 이 부분을 시냅스라고 합니다. 흥분은 축삭 말단에서 다음 세포를 향해서 한 방향으로 전달됩니다. 시냅스에서 흥분을 보내는 쪽의 세포가 시냅스 전 세포, 받는 쪽의 세포가 시냅스 후 세포입니다. 시냅스의 틈 자체는 시냅스 간극이라 하며, 시냅스 간극과 인접한 시냅스 전 세포의 세포막이 시냅스 전막, 시냅스 후 세포의 세포막이 시냅스 후막입니다.

용어가 잔뜩 나왔지만 다들 의미와 이름이 그대로 연결되니 이해하기 쉬울 거예요!

　그림 전달의 구조에 대해 다음 페이지 그림을 보며 배워봅시다.
　축삭 말단에는 흥분의 전달을 담당하는 신경전달물질이라는 물질을 포함한 시

<u>냅스 소포</u>가 있습니다. 흥분이 축삭 말단까지 전도되면 **전위의존성 칼슘 통로**가 열리며 Ca^{2+}가 세포 안으로 유입됩니다. 그러면 **시냅스 소포가 시냅스 전막과 융합해 신경전달물질이 세포외배출작용에 따라 시냅스 간극으로 방출됩니다!**

시냅스 후막에는 신경전달물질의 수용체로서 작용하는 이온 통로가 있습니다. 이 이온 통로는 신경전달물질이 결합하면 열리는데, 이를 통해 세포 밖의 이온이 시냅스 후 세포로 유입됩니다. 그 결과, 시냅스 후 세포에서 막전위가 변합니다. 이 변화를 <u>시냅스 후 전위</u>라고 합니다. 시냅스 후 전위가 생겨나면 시냅스 후 세포에 흥분 등의 반응이 일어납니다(아래 그림).

시냅스 후 전위는 영어로 postsynaptic potential, 줄여서 PSP랍니다!

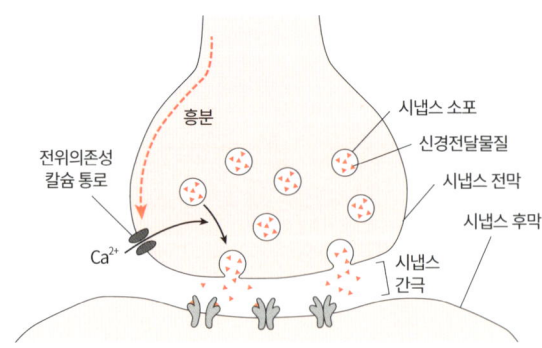

<u>방출된 신경전달물질은 시냅스 전 세포로 회수되거나 효소에 의해 분해되므로 전달의 효과가 계속해서 쭉 유지되는 일은 없습니다!</u>

신경전달물질에는 어떤 것이 있나요?

운동신경이나 부교감신경이 이용하는 아세틸콜린이 유명하죠. 많은 교감신경이 이용하는 노르아드레날린이나, 중추신경계의 일부 뉴런이 이용하는 γ(감마)-아미노뷰티르산(GABA) 등도 중요합니다.

❽ 흥분성 시냅스와 억제성 시냅스

시냅스에는 방출되는 신경전달물질의 종류에 따라 시냅스 후 세포를 흥분시키는 흥분성 시냅스와 흥분을 억제하는 억제성 시냅스가 있습니다.

흥분성 시냅스의 수용체는 소듐 통로로, 시냅스 후 세포에 탈분극을 일으킵니다. 이 전위 변화를 흥분성 시냅스 후 전위(EPSP)라고 합니다. 반대로 억제성 시냅스의 수용체는 염화물 이온(Cl⁻)을 통과시키는 통로로, 시냅스 후 세포에 과분극을 일으킵니다. 이 전위 변화를 억제성 시냅스 후 전위(IPSP)라고 하죠.

 E는 excitatory의 머리글자, I는 inhibitory의 머리글자랍니다.

EPSP에 의해 막전위가 역치(생물이 자극에 대해 반응을 일으키는 데 필요한 최소한의 자극의 세기-옮긴이)까지 탈분극하면…… 시냅스 후 세포에 흥분이 발생합니다(다음 페이지 왼쪽 그림). IPSP가 생겨나면 막전위가 역치에서 멀어지기 때문에 흥분이 발생하기 어려워집니다(다음 페이지 오른쪽 그림).

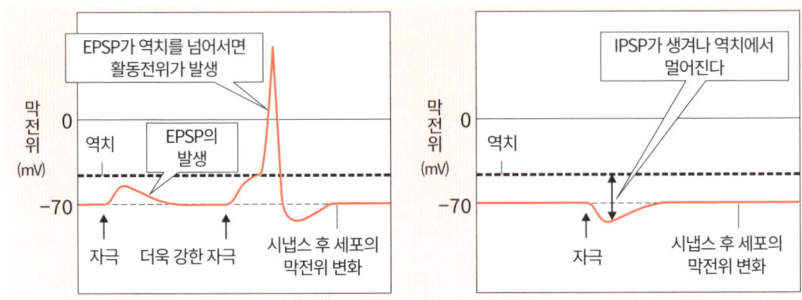

실제로 하나의 뉴런으로부터 하나의 자극을 받아서 EPSP가 역치에 도달하는 일은 거의 없으며, 단시간에 복수의 뉴런으로부터의 자극을 받아서 <u>EPSP가 가중(가산)되어 역치에 도달하고, 시냅스 후 세포에 흥분이 발생합니다</u>(아래 그림).

EPSP와 IPSP가 동시에 일어났을 경우, EPSP의 효과가 약해져서 시냅스 후 세포에 흥분이 발생하기 어려워집니다.

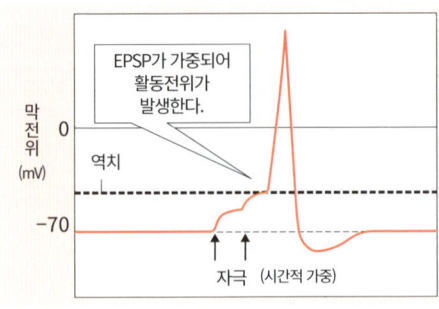

02 눈과 귀에 대해 알아보자

1 시각

시력은 좋은가요?

네, 맨눈으로도 똑똑히 잘 보여요!

부럽네요~ 저는 수정체에서 빛의 굴절률을 잘 낮추지 못해서……

선생님, '눈이 나쁘다'는 말을 너무 어렵게 하시네요……

❶ 사람의 눈의 구조

우선…… 각 부위나 세포의 명칭을 모르면 이야기를 진행시킬 수가 없습니다. 외워두세요……라고 한다면 어려우시겠죠? 지금부터 할 설명 속에서 '그게 뭐더라?' 싶으시다면 그때마다 다음 페이지 그림으로 돌아와서 체크해주세요! 반복하다 보면 서서~히 기억 속에 자리를 잡아갈 테니까요.

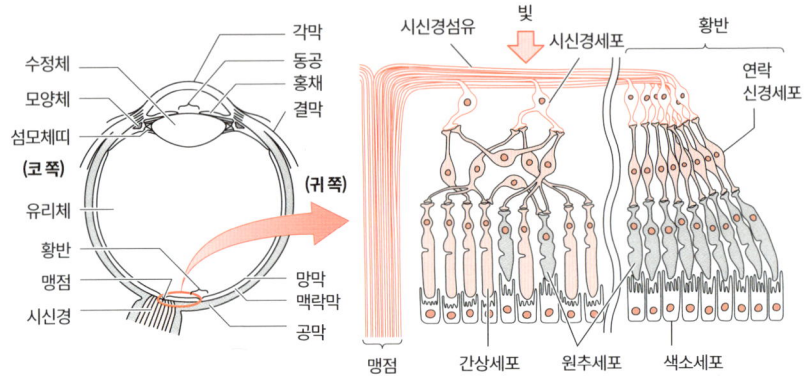

위 왼쪽 그림은 눈을 수평으로 자른 단면도를 위에서 바라본 그림입니다만…… 이건 왼쪽 눈일까요? 오른쪽 눈일까요?

네엣!? 명칭을 읽느라 정신이 없었는데요.

제4장 '생식과 발생'에서도 말했듯이 그림을 볼 때는 방향 등을 의식하는 것이 중요하답니다! 망막의 중앙부는 황반이라고 합니다. 황반보다 약간 코 쪽으로 맹점이 있죠.

맹점이 코 쪽에 있다면…… 이 그림은 오른쪽 눈이네요! 이 그림의 코 쪽에 코를, 귀 쪽에 귀를 그렸더니 알겠어요!

정답!

❷ 망막

빛은 각막과 수정체(렌즈)를 거치며 굴절되고 망막에 상(像)을 맺습니다. 그리고 망막에는 빛을 흡수해서 흥분하는 시세포가 있죠. 시세포에는 원추세포(원뿔세포)와 간상세포(막대세포)라는 두 종류가 있습니다.

> 원뿔형이므로 원뿔세포, 막대 모양이므로 막대세포라는 이름이 붙은 것이랍니다. 망막에 존재하는 세포는 유리체 쪽에서부터 '시신경세포→연락 신경세포→시세포→색소세포' 순이랍니다!

원추세포는 역치가 높아서 밝은 곳에서만 작용하며 색깔의 구별에 관여합니다. 한편, 간상세포는 역치가 낮아서 어스레한 장소에서 작용하며 명암의 구별은 인식하지만 색깔의 구별에는 관여하지 않습니다. 원추세포는 황반에 집중적으로 존재하는 반면, 간상세포는 황반을 제외한 망막 주변부에 많이 분포하고 있습니다.

> 시세포가 빛을 흡수해서 흥분하면……, 그 다음에는 어떻게 되나요?

시세포의 흥분이 연락 신경세포, 그리고 시신경세포로 전달되고, 시신경이 대뇌까지 흥분을 전달하면서 시각이 생겨납니다. 이때, 시신경섬유는 맹점으로 한데 모여서 망막을 빠져나와 안구 밖으로 나갑니다. 따라서 맹점에는 시세포가 존재하지 않는 것이죠.

❸ 맹점

오른쪽 그림을 봐주세요. 오른쪽 눈으로 + 표시를 주목한 상태의 모식도입니다. 가만히~ 보고 있으면 빛은 황반에 도달합니다! 이때, ● 표시에서 나온 빛은…… 맹점에 도달합니다! 즉, 맹점에 도달한 빛은 인식할 수 없으므로 ● 표시는 보이지 않는 것이죠!

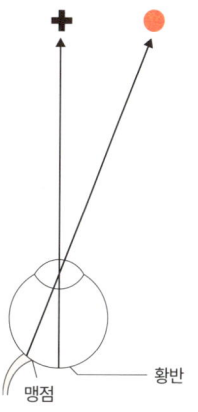

이 그림에서 알 수 있듯이 <u>오른쪽 눈의 경우, 시야의 오른쪽에는 인식할 수 없는 부분이 존재</u>합니다. 잠깐 실험해보시겠어요?

 왼쪽 눈을 감고 아래의 + 표시를 오른쪽 눈으로 가만히 보면서 이 책과 눈의 거리를 바꾸어보세요!

우와아아아아! ●가 사라졌어요!!

2 청각

 모스키토음*이라는 거, 알고 있나요?
* 젊은 사람들에게만 들리는 매우 높은 음-옮긴이

네, 찌잉~ 하는 높은 소리 말이죠?

 아, 역시 들리는군요? 젊구만……

앗, 역시나 선생님은 안 들리시나 보네요!

❶ 사람의 귀의 구조

사람의 귀는 외이·중이·내이로 이루어져 있습니다. 우선 귀의 구조를 잘 살펴보도록 하죠!

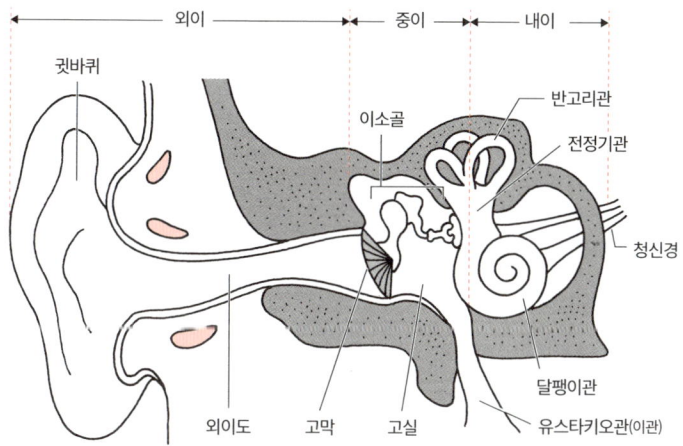

용어가 아주 많지만 우선 청각에 관련된 부분을 우선적으로 머릿속에 넣어 나갑시다.

음파는 **귓바퀴**를 통해 모여서 **외이도**를 통해 **고막**에 도달하고, 고막을 진동시킵니다. 고막 뒤쪽에는 **이소골**이라는 자그마~한 3개의 뼈가 이어져 있는데, 이 뼈가 진동을 증폭해서 내이의 **달팽이관**에 전달합니다. 청세포는 달팽이관 안에 있습니다.

03 뇌에 대해 알아보자

 사람의 대뇌피질에는 160억 개나 되는 뉴런이 있답니다!

광장하네요!

 그중에 약 20%는 IPSP를 발생시키는 억제성 뉴런이죠!

선생님, 대화 중에 은근슬쩍 복습을 끼워넣으시네요!

뉴런이 잔뜩 모여 있는 부분이 중추신경계랍니다. 척추동물의 중추신경계는 **뇌**와 **척수**입니다. 우선은 뇌의 구조를 짚고 넘어가도록 하죠!

   뇌는 앞쪽(←머리의 앞부분)부터 순서대로 **대뇌** · **간뇌** · **중뇌** · **연수**의 순으로 배치되어 있고, 중뇌에서 연수의 등쪽에는 **소뇌**가 있습니다. 이 배치는 인간이든, 뱀이든, 개구리든 모두 동일하죠!

 간뇌·중뇌·뇌교·연수를 합쳐서 **뇌간**이라고 합니다. 뇌간에는 생명유지에 관련된 중요한 기능이 많습니다.

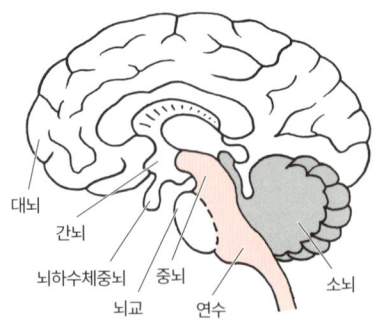

사람의 뇌 구조

우선은 대뇌에 대해 알아봅시다! 대뇌는 좌반구와 우반구로 나뉘어 있으며, 이것을 뇌량이라는 신경섬유 다발이 연결하고 있답니다.

'량'은 '들보'라는 뜻입니다. 건물에서 수평 방향으로 놓이는 목재를 가리킵니다. 시각적으로 이해하기 쉬운 이름이죠!

대뇌 바깥쪽은 대뇌피질, 안쪽은 대뇌수질입니다. 대뇌피질은 회백색을 띠고 있기 때문에 회백질, 대뇌수질은 흰색이기 때문에 백질이라고 합니다.

뉴런의 세포체가 많이 모여 있으면 회백색이 되고, 신경섬유(축삭)가 많이 모여 있으면 백색이 된답니다!

대뇌피질은 여기서 신피질과 변연피질로 나뉘는데, 사람의 경우에는 신피질이 무척이나 발달해 있습니다. 신피질에는 시각이나 청각 등의 감각중추, 수의운동중추, 사고나 이해 등 정신활동중추가 있으며, 장소마다 담당하는 작용이 정해져 있죠. 변연피질에는 욕구나 감정(←'배고파……', '무서워~!' 등의 기분)에 근거한 행동의 중추나 기억 등에 관여하는 영역인 해마 등이 있습니다.

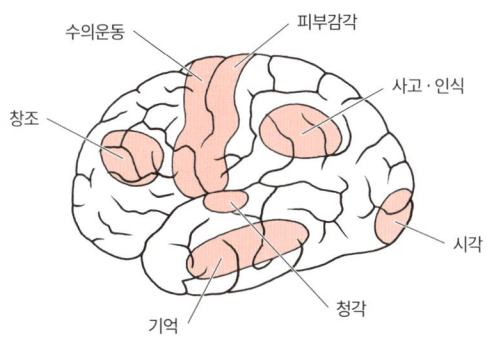

사람의 대뇌피질의 주된 기능 영역

03 뇌에 대해 알아보자 • 221

간뇌는 시상과 시상하부로 구성되어 있습니다. 많은 감각신경은 시상에서 중계되어 대뇌피질로 향합니다. 시상하부는 자율신경의 최고 중추로서 항상성에서 중요한 역할을 맡고 있습니다.

사람의 시상하부는…… 겨우 4g밖에 되지 않는답니다!

대뇌 이외의 부분이 맡는 작용을 아래 표로 정리했습니다!

간뇌	시상	감각신경의 중계
	시상하부	자율신경계의 최고 중추
중뇌		자세반사중추, 동공의 크기를 조절하는 중추
소뇌		몸의 평형을 유지하는 중추(←수의운동의 조절 등을 담당하는 중추)
연수		호흡운동이나 심장 박동을 담당하는 중추 소화관의 운동이나 소화액 분비를 담당하는 중추

04 근육과 행동

눈앞에 곰이 나타났다!

당연히 뛰어서 도망쳐야죠!

이렇게 근육은 갑자기 대량의 ATP를 필요로 하는 기관이랍니다.

단순히 ATP를 많이 소비하는 게 아니라 갑자기 ATP를 많이 소비한다는 게 특징이군요.

❶ 근육의 구조

골격근은 <u>근섬유</u>라는 다핵세포로 이루어져 있는데, 근섬유의 세포질에는 <u>근원섬유</u>라는 단백질 다발이 잔뜩 채워져 있습니다. 근원섬유는 <u>근소포체</u>라는 소포체에 감싸여 있으며, 근소포체는 내부에 Ca^{2+}를 비축하고 있죠. 그리고…… 근소포체는 세포막이 움푹 꺼져서 생겨난 T세관이라는 관과 맞닿아 있습니다.

T세관의 T는 transverse(=횡단하다)의 머리글자!
'근소포체 사이를 <u>횡단하는 관</u>'이라고 생각하세요.

근골격이나 심근의 근섬유에 있는 근원섬유를 현미경으로 살펴보면 어둡게 보이는 <u>암대</u>와 밝게 보이는 <u>명대</u>가 교대로 늘어선 줄무늬가 보이기 때문에 이들 근육은 <u>가로무늬근</u>이라고 불립니다.

심근을 제외하고 내장에서 보이는 근육(소화관이나 혈관의 근육)은 줄무늬가 보이지 않는 평활근이군요.

명대 중앙에는 Z선이라는 어두운 부분이 있는데, Z선과 Z선 사이는 근절이라고 하며, 근원섬유는 이 근절이 반복된 것입니다.

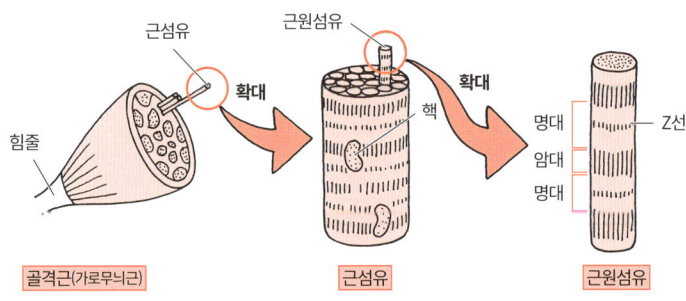

근절의 구조를 살펴봅시다! Z선의 양 끝에 액틴 필라멘트가 결합해 있고, 액틴 필라멘트 사이에 굵은 마이오신 필라멘트가 끼워져 있습니다.

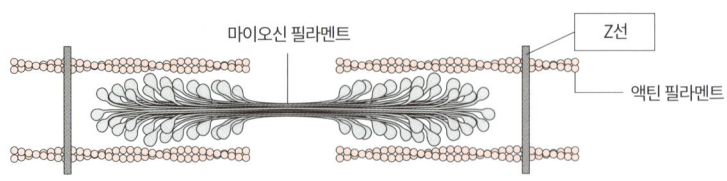

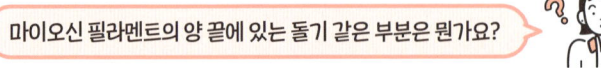

마이오신 필라멘트는 모터단백질인 마이오신이 묶인 것입니다. 마이오신에

는 ATP 분해효소로 작용하는 마이오신 머리라는 부분이 있는데, 마이오신 머리가 이 돌기랍니다!

❷ 근수축의 구조

근수축의 구조를 살펴봅시다! 근수축은 다음의 ❶~❷의 구조가 반복되면서 일어납니다(아래 그림).

> ❶ 액틴과 결합한 마이오신 머리에 ATP가 결합하면 마이오신 머리가 액틴에서 떨어진다.
> ❷ ATP가 분해되어 마이오신 머리가 변형된다.
> ❸ 마이오신 머리가 다시 액틴과 결합한다.
> ❹ 마이오신 머리에서 ADP와 인산이 떨어짐과 동시에 마이오신 머리가 휘어지며 액틴 필라멘트를 근절 중앙으로 끌어당긴다.

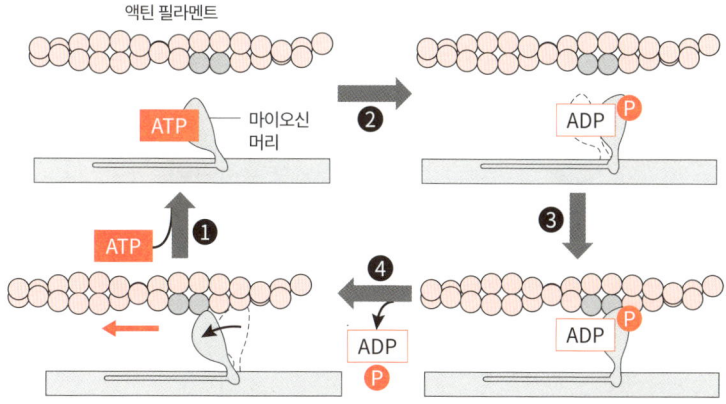

myo-는 그리스어로 '근육'이라는 뜻입니다.
마이오신 외에 근육에 포함되는 미오글로빈 등의 어원이기도 하죠.

액틴 필라멘트는 액틴이 이어진 세포골격이었죠! 근육이 이완되어 있을 때는 액틴에 <u>트로포마이오신</u>이라는 단백질이 결합해 있어 마이오신 머리가 액틴과 결합하지 못합니다.

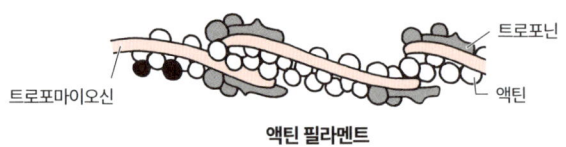

액틴 필라멘트

근섬유가 흥분하면 흥분이 근소포체로 전달되고, 근소포체의 막에 있는 통로가 열리며 Ca^{2+}가 섬유질기질 안으로 방출됩니다. 액틴 필라멘트의 트로포마이오신에는 곳곳에 <u>트로포닌</u>이라는 단백질이 결합해 있죠? Ca^{2+}는 이 트로포닌과 결합합니다!

그러면 트로포마이오신의 구조가 변해서 액틴과 마이오신 머리가 결합할 수 있게 된답니다.

그러면 p.225의 설명에 나온 구조가 근수축을 일으키는 거군요!

근섬유의 흥분이 사라지면 Ca^{2+} 펌프에 의해 Ca^{2+}는 근소포체로 삼켜지고, 다시 트로포마이오신이 액틴과 결합합니다.

생물의 진화

'진화'라면 공룡 연구? 아니, 전혀 다릅니다!

'진화'라 한다면 무엇이 떠오르시나요? 역시나 공룡? 물론 공룡도 중요하지만 진화 연구는 화석 발굴이 아닙니다.

'그럼, 진화 연구란 뭘 하는 건데?' 싶으시겠죠. 연구의 목적은 다양하지만 '유연관계의 추정', '진화 구조 해명' 등이 중요하다고 생각합니다.

'사람과 가장 가까운 동물은 침팬지!'라는 말을 들어본 적이 있으신가요? 왜 그런 결론이 나왔을까요. 왜 고릴라보다, 오랑우탄보다 침팬지가 더 가까운 걸까요. 그렇다면 성게와 문어 중에서는 어느 쪽이 사람과 더 가까운지 아시나요? 성게가 압도적으로 더 가깝답니다. 잘 와 닿지 않으시겠죠. 그 이유가 궁금해지지 않으셨나요. 이제 8장을 읽고 싶어지셨을 겁니다.

박쥐, 돌고래, 사람, 모두 포유류입니다. 조상을 향해 계속 거슬러 올라가다 보면 공통 조상에 다다르게 되지만 지금은 전혀 다른 모습으로 살아가고 있죠. 대체 무슨 이유로, 어떤 구조 때문에 이렇게 진화한 걸까요? 이에 대한 합리적인 가설을 구축하는 것 역시 진화 연구랍니다.

진화는 어떠한 목적이 있어서 진행되는 현상이 아닙니다. '좀 더 ●●해지기 위해 이렇게 진화하자!'라는 일은 없습니다. 우연히 유리한 특징을 가진 개체가 많은 자손을 많이 남기면서 진화가 진행되거나, 우연한 영향에 의해 진행되기도 하죠.

8장에서는 진화의 메커니즘을 중심으로 설명하도록 하겠습니다. '아하, 진화는 이런 느낌으로 진행되는구나!'라는 올바른 감각을 손에 넣기를 바랍니다.

01 생물 진화의 역사

사람에게는 없지만 고릴라에게는 있는 특징, 뭔지 아시나요?

네에!? 사람에게 있는 특징이라면 간단한데……

아주 많답니다! 예를 들어 '대후두공이 등쪽에 있다!'라든지!

뭘 그런 걸 '이쯤은 상식이지♪'라는 듯이……

❶ 영장류의 출현

인간의 진화는 '<u>영장류</u>의 출현'에서 시작됩니다!

    영장류(←원숭이의 친척)의 조상은 포유류 중에서도 <u>식충류</u>라 불리는 무리였다고 생각됩니다. 신생대로 접어들어 이 무리가 <u>나무 위에서 생활</u>하기 시작하면서 나무 위 생활에 적응해나갔죠.

나무 위 생활에 적응했다는 건 구체적으로 어떤 변화가 일어난 건가요?

    우선은 손가락이에요! 영장류의 손가락은 <u>모지대향성</u>이라고 해서 엄지와 나머지 네 손가락이 마주보고 있기 때문에 나뭇가지 따위를 움켜쥐기 쉽게 되어 있죠. 또한 손톱이 평평합니다. 오른쪽 페이지 그림에 나온 투파이의 손(←원시 식충류와 닮았습니다) 같은 <u>갈퀴손톱</u>으로는 나뭇가지를 잘 움켜쥘 수 없겠죠.

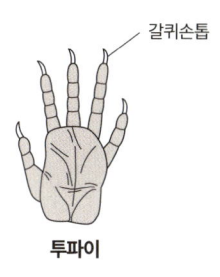
갈퀴손톱

투파이

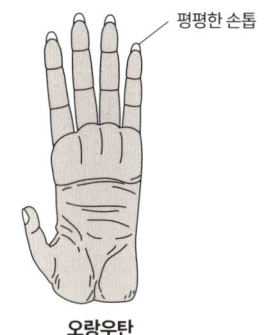
평평한 손톱

오랑우탄

또 한 가지는 눈입니다!

영장류의 눈은 얼굴 앞쪽에 있습니다. 그러면 두 눈으로 볼 수 있어서 입체적으로 볼 수 있는 범위가 넓어지죠. 그 덕분에 '옆쪽 나뭇가지로 점프!' 같은 동작도 쉽게 가능해졌습니다.

또한 영장류는 후각보다 시각에 의존하게끔 진화했습니다.

신제3기 초기에 영장류에서 유인원이 등장했습니다! 현생 유인원 중에는 고릴라처럼 지상생활을 하는 무리도 있습니다.

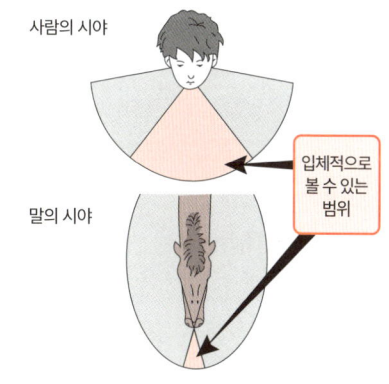
사람의 시야

말의 시야

입체적으로 볼 수 있는 범위

유인원은 사람과 비슷한 생김새를 한 비교적 덩치가 큰 영장류로, 꼬리가 없다는 특징이 있습니다!

❷ 사람으로 진화

인간 진화의 후반부는 '유인원에서 사람으로의 진화'입니다!

이 진화 과정에서 무엇이 일어났는가 하면…… 바로 직립이족보행입니다! 직립이족보행을 한다는 점이 인간의 특징이죠. 가장 오래된 인류의 화석은 아프리카의 약 700만 년 전 지층에서 발견되었습니다. 그리고 약 425만~150만 년 전 지층에서는 오스트랄로피테쿠스의 화석이 다수 발견되었죠. 이들 초기의 인류는 원인(猿人)이라고 불립니다.

침팬지, 오스트랄로피테쿠스, 호모 사피엔스(현대인)의 머리뼈를 비교한 아래 그림과 전신 골격을 비교한 오른쪽 페이지 그림을 보도록 합시다!

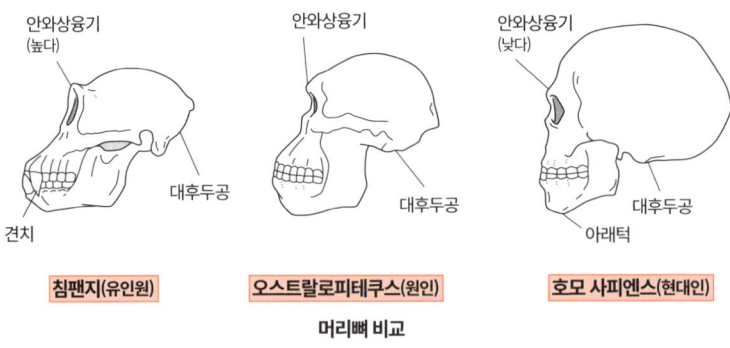

머리뼈 비교

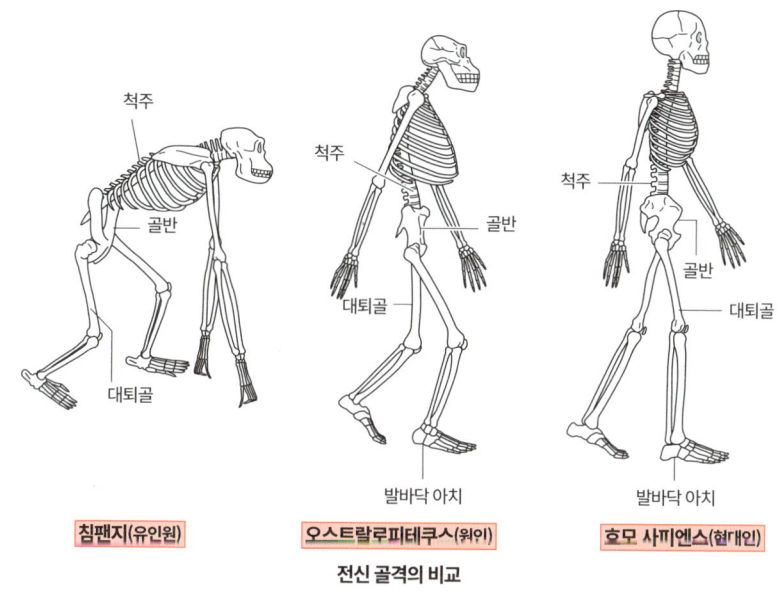

전신 골격의 비교

머리뼈를 비교해보면 무엇을 알 수 있을까요?

대후두공이란 부분의 위치가 달라요! 애초에 대후두공이 뭔지는 모르겠지만······

대후두공이 무엇인지부터 설명하죠. 머리뼈에는 여러 곳에 구멍이 있는데, 대후두공은 척추(←등뼈)가 이어져 있는 위치의 구멍입니다. 즉, 이 구멍으로는 중추신경이 지나고 있죠. 직립이족보행을 할 때는 머리뼈 바로 밑에서 머리를 지탱하지 않으면 힘들겠죠? 그래서 호모 사피엔스의 경우는 대후두공이 머리뼈 바로 밑에 존재하는 것이랍니다!

또한 진화와 함께 눈 위 뼈의 툭 튀어나온 부분(안와상융기)이 작아지고 있습니다. 게다가 호모 사피엔스의 경우 턱 끝부분이 뾰족해져 있죠?(왼쪽 페이지 그림) 이 뾰족한 부분은 아래턱입니다. 아래턱은 유인원이나 원인의 턱에는 없습니다.

전신의 골격을 살펴봅시다!

유인원은 팔이 기네요~!

정답이에요! 인류는 직립이족보행을 하게 되면서 더 이상 팔(=앞다리)을 이동에 사용하지 않게 되었죠. 그 결과, 팔이 짧아져서 다양한 작업에 사용할 수 있게 되었고, 뇌의 발달로 이어졌답니다! 진행이 빠르네요. 그밖에 무슨 차이가 있을까요?

뭐라고 하면 좋을까…… 침팬지는 새우등이라고 해야 하나……

OK! 인류의 척추는 S자 모양으로 구부러져 있어서 직립이족보행의 충격을 완화해줍니다. 또한 인류의 발바닥에는 아치가 있습니다. 이 또한 직립이족보행의 충격을 완화해주죠.

그리고 이 그림으로는 알 수 없지만 유인원에서 호모 사피엔스로 진화하는 과정에서 골반이 가로로 넓어졌답니다. 이로써 바로 선 자세에서 내장을 받아줄 수 있게 되었죠!

이러한 변화와 함께 대뇌가 점점 발달해나간 것으로 생각됩니다.

❸ 호모 사피엔스의 출현과 확산

아프리카에서 출현한 인류가 어떻게 세계로 퍼져나갔는지 알아봅시다.

약 250만 년 전이 되자 원인(猿人) 중에서 호모 에렉투스 등의 원인(原人)이 나타났습니다. 원인의 화석은 아프리카뿐 아니라 아시아나 유럽에서도 발견되었으므로 인류가 마침내 아프리카 대륙을 벗어났다는 말이 되겠죠. 원인은 형태가 잡힌 석기를 사용하고 불을 사용했다는 증거도 있습니다. 뇌의 용적은 약 1000mL였습니다. 반면 원인(猿人)의 뇌 용적은 고릴라와 거의 동일한 500mL였으니 뇌 용적이 단숨에 커진 셈이죠!

약 80만 년 전에는 뇌의 용적이 한층 커진 구인(舊人)이 등장했습니다. 그리고 약 30만 년 전의 중근동부터 유럽에 걸쳐 네안데르탈인이라는 구인이 널리 퍼졌죠. 네안데르탈인은 골격이 튼튼하고 뇌의 용적도 커서 어느 정도의 문화도 갖추고 있었던 것으로 보입니다만, 한랭화 등의 요인으로 약 3만 년 전에 멸종했습니다.

그리고 약 30만 년 전, 마침내 호모 사피엔스가 출현합니다!

미토콘드리아의 DNA 등을 해석해 호모 사피엔스 중에서도 우리 현생인류의 직계 조상은 약 20만 년 전의 아프리카에서 탄생했다고 생각됩니다. 그리고 그 일부가 약 10만 년 전부터 세계 각지로 퍼져나갔습니다.

과거에는 몇 종류의 인류가 서식하고 있었던 모양이지만 현재의 인류는 호모 사피엔스 한 종뿐입니다. 참고삼아 호모 사피엔스가 세계로 확산된 모습을 살펴봅시다.

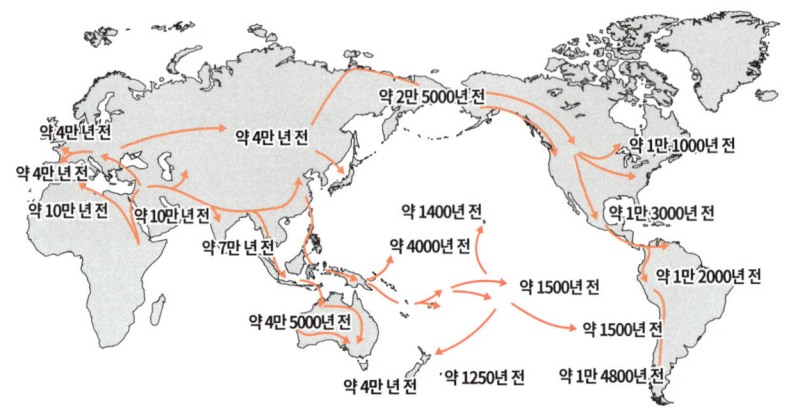

 유인원과 사람의 관계를 나타낸 계통수도 실어둘게요!

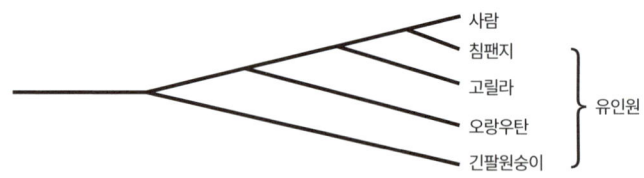

02 진화의 구조

진화를 우리 주변에서 느끼기란 좀처럼 어렵겠죠?

최근 푹 빠져 있는 스마트폰 게임의 주인공이 어제 진화했어요.

흐음~ 곤란한걸……. 생물학의 진화에 관한 이야기 중이었는데 말이죠!

당연히 게임 얘기는 아닐 거라 생각은 했는데, 죄송합니다…….

가장 먼저, 애당초 '진화'란 무엇일까요?

……생물이 변하는 건가요?

틀렸다고는 할 수 없지만 아깝네요. 정의를 내리기란 참 어렵죠. 진화란 <u>여러 세대를 거치는 가운데 생물의 집단이 변해가는 현상</u>을 가리킨답니다.

즉, '집단 안에 새로운 형질을 가진 개체가 한 마리 출현했다!'라는 현상은 진화가 아닙니다.

또한 <u>진화는 어떤 목적이 있어서 진행되는 현상이 아닙니다</u>. '더욱 많은 먹이를 얻기 위해……', '암컷에게 인기를 끌기 위해……'라는 이유로 발생하는 진화는 없습니다.

❶ 돌연변이

진화는 집단 안에서 **돌연변이**(mutation)가 일어나면서 생겨난 새로운 대립유전자가 **자연선택**이나 **유전적 부동**(⇒p.238) 등의 요인에 의해 집단 안에서 퍼져나가면서 생겨납니다.

집단 안에서 찾아볼 수 있는 형질의 차이는 **변이**(variation)라고 합니다. 변이에는 **유전적 변이**(←유전되는 변이)와 **환경 변이**(←유전되지 않는 변이)가 있으며, 유전적 변이는 돌연변이에 의해서 생겨납니다.

'혈액형' 등은 유전적 변이, '계산이 특기' 등은 환경 변이입니다.

❷ 자연선택에 따른 적응진화

집단에는 유전적 변이가 있는데, 생존이나 번식에 유리한 경우나 불리한 경우, 그리고 중립적인 경우가 있습니다. 생존이나 번식에 유리한 형질을 지닌 개체는 많은 자손을 남길 수 있죠. 이것을 **자연선택**이라고 합니다. **자연선택의 결과**, 유리한 형질을 지닌 개체의 비율이 높아지고, 환경에 **적응**한 집단으로 변해갑니다. 이러한 현상을 **적응진화**라고 합니다.

자연선택에 따른 적응진화의 예를 살펴봅시다!

❶ 공업암화

영국에 서식하는 회색가지나방이라는 나방의 일종은 몸의 색깔이 밝은 개체와 어두운 개체가 있는데, 본래는 대부분이 밝은 개체였습니다. 하지만 19세기 후반에 공업지대에서 배출된 매연 때문에 나무껍질이 거무스름해지면서 눈에 잘 띄게 된 밝은 개체 대부분이 천적에게 잡아먹히고 말았죠.

그 결과, 리버풀 등의 공업지대에서는 90% 이상의 나방이 어두운 개체로 변했습니다! 이 현상을 공업암화라고 합니다.

인간의 활동 때문에 적응진화가 단숨에 진행되어버린 느낌이네요.

❷ 공진화

 적응진화는 '덥다', '어둡다' 등의 비생물적 환경뿐 아니라 다른 생물과의 관계를 통해 적응하는 경우가 있습니다. 이처럼 생물이 서로에게 영향을 끼치며 진화하는 현상을 **공진화**라고 합니다!

오른쪽 그림을 보시죠! 마다가스카르섬에 서식하는 꽃인 앙그레쿰 세스퀴페달레(난초의 일종)의 단면과 그 꿀을 빨아먹는 나방(크산토판박각시나방)의 그림입니다.

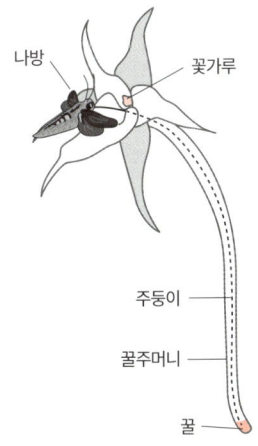

나방의 주둥이가 너무 길지 않나요?

이 꽃은 꿀주머니라는 관 안쪽에 꿀을 모아둔답니다. 평범한 나방은 이런 위치에 있는 꿀까지 주둥이가 닿지 않겠죠? 하지만 우연히 주둥이가 긴~ 나방은 꿀을 빨아먹기에 유리했기 때문에 주둥이가 길어지는 적응진화를 이루었답니다.

한편, 꽃의 입장에서 보자면 꿀주머니가 길어야 나방에게 많은 꽃가루를 묻힐 수 있어서 유리하므로 꿀주머니가 길어지게끔 적응진화를 이루었습니다. 결과적으로 나방의 주둥이는 점점 길어지고, 꿀주머니도 점점 길어지는 공진화를 이루었죠.

> 다른 생물과 생김새나 색깔이 비슷해지는 의태,
> 짝짓기 행동에서 이성에게 선택받는가,
> 그렇지 못한가에 달린 성선택도 자연선택의 대표적인 사례입니다.

❸ 유전적 부동

다음은 유전적 부동에 대한 설명입니다! 이를 설명하기 위해서는 생물 집단을 유전자 풀로 보아야 할 필요가 있습니다.

> 풀이라면, 그 헤엄치는 풀 말인가요?

뭐, 헤엄은 치지 않지만 그런 느낌이죠. 예를 들어, 왼쪽 하단에 '3개체의 집단'이 있죠? 이 집단을 오른쪽 하단처럼 '6개의 유전자로 이루어진 풀'이라고 생각하는 거예요.

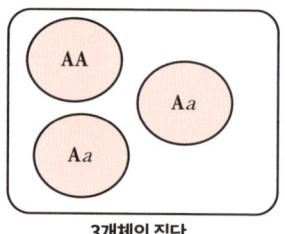

3개체의 집단

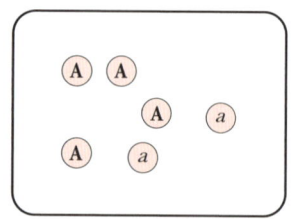

6개의 유전자로 이루어진 유전자 풀

유전자 풀을 보면 이 집단에서 유전자 A의 빈도가 2/3임을 알 수 있죠? 진화란 '유전자 풀을 구성하는 유전자 빈도가 변하는 현상'이라고 볼 수 있습니다.

유전적 부동이란 우연히 유전자 빈도가 변하는 현상입니다. 모든 진화를 적응진화로 설명할 수는 없습니다. 왜냐하면 진화에는 반드시 우연이 영향을 미치기 때문이죠.

작은 집단일수록 우연의 영향을 받기 쉽죠.
즉, 유전적 부동은 작은 집단에서 더 일어나기 쉽답니다!

새로운 돌연변이가 일어나 DNA의 염기서열이나 단백질의 아미노산 서열이 변하더라도 형질에 변화가 일어나지 않아 자연선택을 받지 않는 경우가 많습니다. 이러한 돌연변이를 **중립적 돌연변이**라고 합니다.

중립적 돌연변이에 의해 생겨난 새로운 대립유전자는 그 후 어떻게 될까요? 집단에 퍼지지도 사라지지도 않는 경우가 많겠습니다만, 유전적 부동에 따라 집단에 퍼져나갈 수도 있습니다. 이렇게 해서 일어나는 분자 단위의 진화를 **중립진화**라고 합니다.

❹ 격리와 종분화

1개의 종에서 새로운 종이 생겨나거나, 여러 종으로 나뉘는 것을 **종분화**라고 합니다. 종분화는 **격리**에 의해서 생겨나죠.

산맥이나 바다 등이 형성되면서 유전자 풀이 분단되는 경우를 **지리적 격리**라고 합니다. 분단된 집단은 각각의 환경에 적응하며 진화를 해나갑니다. 오랜 세월에 걸쳐 유전적인 차이가 커지면서 두 집단이 더 이상 짝짓기를 하지 못하게 되는 경우가 있습니다. 이러한 상태를 생식적 격리라고 합니다. 생식적 격리가 성립되면 두 집단은 다른 종으로 간주되고, 종분화가 일어난 셈이 됩니다.

지리적 격리에 따른 종분화의 경우, 새로이 생겨난 여러 종이 다른 지역에 분포하는 상태가 되겠죠. 이러한 종분화를 이소적 종분화라고 합니다.

갈라파고스 제도에는 다윈핀치라는 새가 14종류나 분포해 있습니다. 이것이 이소적 종분화의 대표적인 사례랍니다!

한편, 지리적 격리를 받지 않은 상태에서 종분화가 일어나는 경우도 있는데, 이것은 동소적 종분화라고 합니다.

같은 장소에 있는데 종분화가 일어나다니 신기하네요.

같은 장소에 있더라도 짝짓기를 할 수 없는 집단끼리는 격리된 상태에 있다고 볼 수 있습니다.

확실히 신기하게 느껴질지도 모르겠네요. 구체적인 이미지를 파악하기 위해 다음 예시를 함께 생각해봅시다!

> 어떤 곤충 T는 식물 A의 과일에 알을 낳고, 유충이 이 과일을 먹습니다. 이 지역에 식물 B가 심어지면서 일부의 곤충 T가 식물 B의 과일에 알을 낳기 시작했습니다. 식물 A와 식물 B는 과일이 익는 시기가 다르기 때문에 식물 A에서 자란 개체와 식물 B에서 자란 개체는 서로 마주칠 일이 없어졌고, 두 개체 사이에서는 더 이상 짝짓기가 일어나지 않게 되고 말았습니다!

앗! 같은 장소에 있는데도 서로 짝짓기를 할 수 없는, 즉 2개의 집단으로 나뉜 상태가 되었어요!

맞았어요! 이대로 오랜 시간이 지나면 두 집단 사이에서 생식적 격리가 성립될 가능성이 있겠죠.

식물의 경우는 이종교잡에 의해 잡종이 생겨나 잡종개체의 염색체 수가 배가되어 배수화에 의해 단기간에 종분화가 일어나는 경우가 있습니다. 밀의 종분화 등이 대표적인 사례로, $2n=14$인 세 종의 밀에서 $2n=42$의 보통밀이 생겨난 과정에서 이종교잡과 배수화가 일어난 것으로 생각됩니다.

03 분자 진화의 중립설!

 드디어 진화도 고비에 다다랐군요!

분자 진화는 중립적 돌연변이와 관계가 있는 건가요?

 제목에서 쉽게 상상할 수 있죠.

중립적 돌연변이라면……
유전적 부동이 관련이 있겠네요.

형질의 변화가 아니라 DNA의 염기서열이나 단백질의 아미노산 서열 등, 분자 수준에서 변화가 일어나는 현상이 **분자 진화**입니다. 서로 다른 두 생물의 동일한 유전자에서 염기서열을 비교해보면 해당하는 두 종이 갈라져 나온 뒤의 시간과 (거의) 비례해 치환수(←다른 염기의 수)가 늘어나는 경향이 있습니다. 이 경향은 동일한 단백질의 아미노산 치환수를 조사하더라도 같은 경향을 보입니다.

오른쪽 페이지 왼쪽 그림은 사람과 다른 여러 생물이 분기(갈라짐)된 연대를 나타낸 것입니다. 또한 오른쪽 그림은 사람과 다른 여러 생물의 헤모글로빈 α사슬에서 서로 다른 아미노산의 비율을 비교한 결과입니다! 거의 비례하는 관계임을 확인할 수 있습니다!

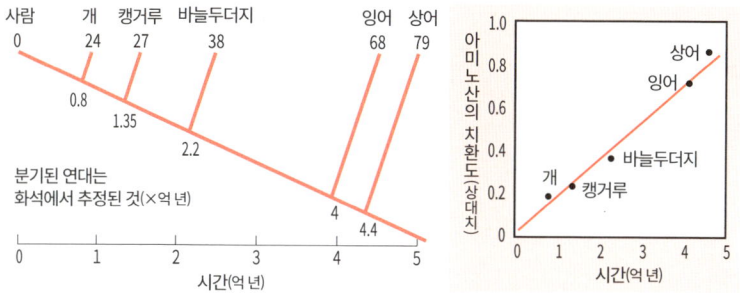

분기 후 경과한 시간과 치환수가 거의 비례관계인 이유는 분자진화의 속도가 거의 일정하기 때문입니다. 분자 진화의 속도는 유전자의 종류마다 거의 일정한데, 이 분자 진화의 속도를 가리켜 <u>분자시계</u>라고 합니다.

 치환수의 크고 작음을 통해 유연관계를 추정할 수 있고, 분자시계를 사용해서 갈라져 나온 연대를 추정할 수도 있죠.

분자 진화는 어떠한 돌연변이 때문에 진행되는 현상이라고 생각하나요?

유리한 돌연변이에서 생겨난 유전자가 자연선택을 통해 집단으로 퍼져나간 것 같아요.

흐음~ 아깝네요! 분자 진화는 거의 대부분이 <u>중립적 돌연변이</u>에 의해서 진행된답니다. 사실 유리한 돌연변이란 아주 드물게 일어나는 현상이죠. 현실적으로 일어나는 돌연변이는 불리한 돌연변이나 혹은 중립적 돌연변이뿐입니다.

불리한 돌연변이에서 생겨난 유전자는 물론 <u>도태</u>되고, 집단에서 배제됩니다. 한편, 중립적 돌연변이는 유전적 부동에 의해 집단에 퍼지고, <u>분자 진화를</u>

진행시키는 경우가 있습니다.

 분자 진화는 중립적 돌연변이에 의해 생겨난 유전적 변이가 유전적 부동에 의해 집단에 퍼지면서 진행됩니다!

지금까지의 내용을 이해하셨다면 분자 진화의 경향도 이해할 수 있으실 겁니다. 중요한 유전자 안에서도 특히 중요한 부위의 치환수를 종 간에 비교했을 경우, 다른 부위에 비해 적은 경향이 있습니다.

 중요한 부분에서도 돌연변이는 일어나겠죠?

그렇죠. 돌연변이는 그 부위가 중요한지의 여부와 상관없이 평등하게 일어납니다. 하지만 중요한 부위에서 일어난 돌연변이는 합성되는 단백질의 기능을 저하시키는 불리한 돌연변이가 되기 쉽겠죠. 한편 중요도가 낮은 부분은 돌연변이가 일어나더라도 단백질의 기능에 영향을 주지 않는 경우가 많습니다.

즉, 돌연변이가 일어났을 때, 중요도가 높은 부위가 불리한 돌연변이가 되기 쉬우므로 이 변화는 집단에 잘 퍼지지 않게 됩니다. 결과적으로 중요한 부위의 분자진화 속도가 느려지게 되죠.

 엄청 논리적이어서 재미있어요! 아하! 그렇구나!

이러한 분자 진화의 경향을 바탕으로 일본의 기무라 모토오는 '분자 진화의 주된 요인은 돌연변이와 유전적 부동이다!'라는 중립설을 주장했답니다.

04 생물은 어떻게 분류하는 것이 합리적인가

 제 출신지가 어디인지 아시나요?

아뇨, 그것까지는 모르죠.

 제 출신지는 일본이랍니다♪

일본이라는 건 알죠! 어느 동네 출신인지를 묻는 게 아니었나요?

다양한 생물을 공통성에 근거해 그룹으로 나누는 것을 분류라고 합니다. 분류할 때의 그룹에는 다양한 등급이 있는데, 이를 분류의 계층이라고 합니다.

예를 들어, …… 사자, 성게, 지렁이를 분류할 때 사자는 '**척추동물**'에 속하게 되겠지만 사자, 말, 생쥐를 분류할 경우에는 사자만 '척추동물'이라고 분류할 수는 없겠죠. 이 경우 사자는 '**식육목**' 등이 적당한 분류입니다. 이처럼 상황에 따라 적절한 계층으로 분류할 필요가 있습니다. 제가 해외에 나갔을 때는 '일본 출신'이라 해도 상관이 없겠지만 일본 안에서 말할 때는 '나가노현 출신'이라고 말하는 편이 더 적절하겠죠.

❶ 분류의 단위

생물을 분류하는 데 기본이 되는 단위는 **종**입니다. 종은 공통된 특징이 있으며 자연 상태에서 짝짓기를 해서 생식기능을 갖춘 자손을 남길 수 있는 집단을 말합니다.

> 짝짓기를 해서 태어난 자식이 자손을 남길 수 없는 경우는 다른 종이라는 말이군요(⇒p.12).

❷ 분류의 계층

아주 닮은 종을 모아서 속, 그리고 아주 닮은 속을 모아서 과…… 이런 식으로 올라가다 보면 점점 높은 상위 분류 계층이 나옵니다. 이 계층들을 순서대로 세우면 '종→속→과→목→강→문→계'가 되죠. 사자를 예로 들어보면, 하위 계층부터 순서대로 '표범속→고양이과→식육목→포유강→척추동물문→동물계'가 됩니다.

그동안 생물의 계통 관계는 형태나 발생 과정 등을 비교하면서 연구했지만 지금은 DNA 등을 비교해서 연구하고 있습니다.

❸ 이명법

개는 영어로 dog, 프랑스어로는 chien입니다. 하지만 세계적으로 공통되는 이름이 없다면 연구할 때 불편하겠죠. 세계에 공통되는 이름을 학명이라 하고, 학명은 이명법이라는 방식에 따라 붙여집니다. 이명법은 속명 뒤에 종소명을 붙여서 나타내는 방법입니다(오른쪽 페이지 표 참조).

한국명	속명	종소명
사람	Homo	sapiens
북극곰	Ursus	maritimus
눈잣나무	Pinus	pumila

 종소명은 종의 특징을 나타내는 말입니다. sapiens는 '현명하다', maritimus는 '바다의', pumila는 '작은'이라는 뜻이죠!

❹ 생물의 분류 체계 −5계 분류 체계와 3역 분류 체계−

생물을 크게 분류한 그룹인 계는 원핵생물계(모네라계), 원생생물계, 식물계, 동물계, 균계로 나누는 것이 일반적인데, 이를 5계 분류 체계라고 합니다. 이는 직감적으로 이해하기 쉬운 분류법으로, 원핵생물, 동물, 식물, 균류, 그 외라는 느낌입니다.

칼 우즈는 rRNA의 염기서열 정보에 입각해 분자계통수를 작성하면 생물이 3개의 영역(도메인)으로 나뉜다고 말하며, 각각을 세균역, 고세균역, 진핵생물역이라고 주장했습니다. 이 사고방식을 3역 분류 체계라고 합니다.

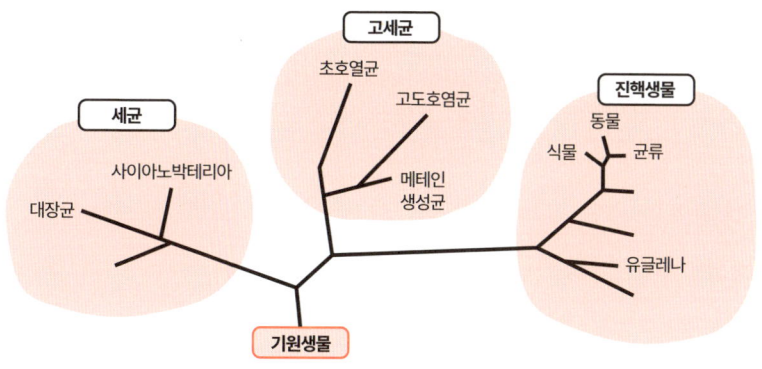

> 고세균이라면 뭐가 오래되었다는 건가요?
> 보통 세균보다 진핵생물에 가까운데 신기하네요.

> 고세균은 고온인 장소나 산소가 없는 장소 등
> 태고의 지구 같은 환경에서 서식하고 있기 때문에
> 그냥 '오래되지 않았을까?' 싶어서 붙인 이름이랍니다!

> 실제로는 오래되지 않았는데도 말이죠?

<u>세균역</u>은 <u>박테리아 도메인</u>이라고도 합니다. 어떤 생물이 포함되어 있을까요?

> 대장균, 유산균…… 폐렴쌍구균 등이겠죠.

제대로 복습해왔군요. 질소고정세균(←<u>뿌리혹박테리아</u>, <u>아조토박터</u> 등), 사이아노박테리아(←<u>염주말</u> 등), 광합성세균(←<u>녹색황세균</u> 등), 화학합성세균(←<u>질산균</u> 등) 등도 포함되어 있죠. 이처럼 독립영양생물도 있지만 종속영양생물도 있습니다. 또한 <u>일반적으로 세균은 세포벽을 갖고 있습니다.</u> 다만 식물처럼 셀룰로스로 이루어진 세포벽은 아닙니다.

> 사이아노박테리아는 식물과 공통적으로 엽록소 a를 갖고 있으며
> 산소를 발생시키는 광합성을 실시합니다.

<u>고세균역</u>은 <u>아키아 도메인</u>이라고도 부릅니다. 고세균은 세균과 마찬가지로 원핵생물이지만 세포막이나 세포벽의 구성 성분이 다르거나 RNA 중합효소의 구조가 다르다는 점 등 다양한 차이가 있다는 사실이 밝혀져 있죠.

고세균은 다른 생물이 서식할 수 없는 극한의 환경에 서식하는 경우가 많은데, 열수분출공(해저 지각 틈새로 스며든 바닷물이 뜨거운 마그마에 데워져서 솟아나는 구멍-옮긴이) 주변 등에 서식하는 **초호열균**, 염호(鹽湖) 등에 서식하는 **고도호염균**, 산소가 없는 늪 속 지층 등에 서식하는 **메테인생성균**(메테인균) 등이 대표적인 사례입니다.

그렇게 혹독한 환경에서 살아가는 고세균이 세균보다도 진핵생물과 더 가깝다니 신기하네요.

05 다양한 생물을 분류하며 소개!

원생생물계에 속한 생물에는 무엇이 있을까요?

선생님이 아까 '그 외'라고 하셨으니까……

그래요! 그 이미지로 생각해보세요!!

유글레나!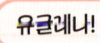

딩동댕♪

❶ 원생생물계

진핵생물역은 **유카리아 도메인**이라고도 합니다. **원생생물**은 진핵생물 중에서 동물·식물·균류가 아닌 것이라는 느낌이므로, **단세포생물**이나 몸의 구조가 발달하지 않은 생물을 말합니다. 원생생물에는 **원생동물**, **점균**, **조류**(藻類) 등이 포함되어 있습니다.

원생생물은 계통적으로 대단히 다양한데, 동물에 가까운 깃편모충, 식물에 가까운 녹조, 동물, 식물 모두와 제법 거리가 먼 갈조, 난균 등도 있습니다.

원생생물 중에서 종속영양 단세포생물은 원생동물이라고 합니다. **짚신벌레** 등이 있죠! 짚신벌레는 섬모를 갖고 있기 때문에 섬모충류라는 그룹에 속합니다.

점균은 자주색솔점균 등의 변형균과 딕티오스텔리움 디스코이듐 등의 세균성 점균으로 나뉩니다. 변형균은 다수의 핵을 지닌 1개의 거대한 세균인 변형체라는 상태를 이루어서 끈적끈적 들러붙으며 이동합니다! 세균성 점균은 많은 세포가 모인 다세포 상태로 끈적끈적 들러붙으며 이동합니다.

이동하는 모습은 둘 다 끈적끈적하네요(ㅎㅎ).

다음은 조류입니다. 미역이나 다시마같이 친근한 생물도 많죠.

식물과 가장 가까운 조류는 차축조로, 식물은 차축조의 일종에서 진화한 것으로 생각됩니다. 차축조는 녹조류와 근연 관계로 생각되며, 모두 엽록소 a와 b를 갖고 있습니다. 갈파래, 볼복스, 클로렐라 등이 대표적인 예입니다. 녹조류 중에서도 특히 차축조류가 식물과 근연 관계라는 사실이 밝혀져 있는데, 식물은 차축조류 무리에서 진화한 생물로 생각됩니다.

오른쪽 그림은 진핵생물 전체에 대한 분자계통수입니다. 그림을 보며 읽어주세요!

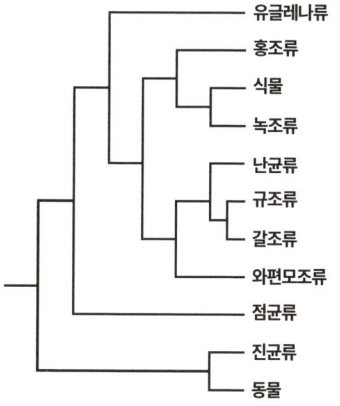

다음은 홍조류, 불그스름한 조류입니다! 우뭇가사리 등이 대표적인 예로, 엽록소는 엽록소 a만을 갖고 있습니다.

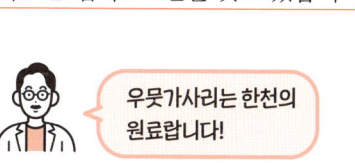

우뭇가사리는 한천의 원료랍니다!

그리고 우리에게 친숙한 갈조류! 미역, 다시마 등이 대표적인 예로, 엽록소 a와 엽록소 c를 갖고 있습니다.

녹조류, 홍조류, 갈조류 외에 단세포 조류도 존재합니다. 예를 들어, 피눌라리아 등의 규조류나 세라티움 등의 와편모조류입니다. 이들은 엽록소 a와 엽록소 c를 갖고 있습니다.

> 앗, 저희 집의 욕실 매트가 규조토예요. 규조류하고 관계가 있나요?

> 그럼요! 규조토는 규조의 껍질 화석으로 이루어져 있답니다!

❷ 균계

자, 다음은 균계! 곰팡이나 버섯을 상상하시면 됩니다. 체외의 영양분을 분해하거나 흡수하는 종속영양생물이죠.

균류로는 효모 같은 단세포생물도 있지만 대부분은 다세포생물입니다. 유주자(遊走子)라 해서 편모로 헤엄치는 포자를 만드는 병꼴균류, 자낭포자라는 포자를 만드는 자낭균류, 담자포자라는 포자를 만드는 담자균류가 있습니다.

자낭균류의 대표적인 예로는 푸른곰팡이, 붉은빵곰팡이 등이 있습니다. 담자균류의 대표적인 예로는 표고버섯, 만가닥버섯 등이 있죠.

> 어때요, '생물학 참 재미있다♪' 싶지 않으신가요?

> 네, 흥미가 생기니까 술술 읽히네요! 지식이 늘어나는 게 엄청 즐거워요.

동물은 세포벽을 갖고 있지 않으며 외부로부터의 유기물을 먹을 것으로서 받아들여 체내에서 소화시키는 종속영양 다세포생물입니다. 우선 동물은 크게 세 가지 그룹으로 나뉩니다! 배엽의 구별이 없는 무배엽동물, 외배엽과 내배엽만을 갖춘 이배엽동물, 외배엽·내배엽·중배엽을 갖춘 삼배엽동물입니다.

갑작스럽지만 동물의 계통수부터 보시죠!

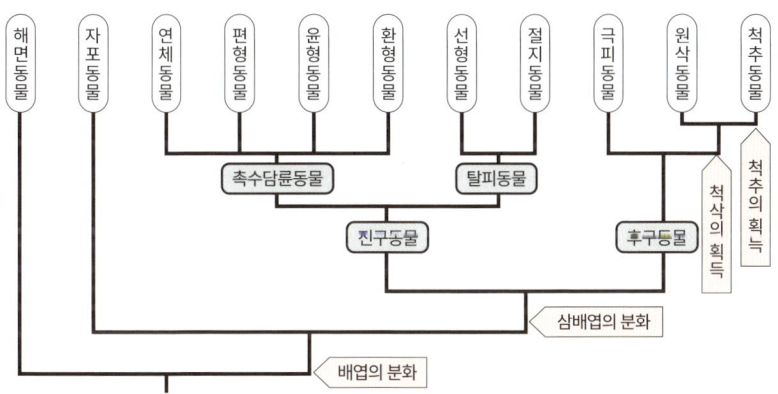

❸ 무배엽동물

무배엽동물은 해면동물입니다. 해변해면 등이 대표적인 예입니다. 깃세포라는 세포가 가진 편모로 수류를 일으켜 플랑크톤을 빨아들입니다. 깃세포는 깃편모충이라는 원생동물과 무척 비슷하게 생겼으므로 동물의 선조는 깃편모충의 일종으로 생각됩니다.

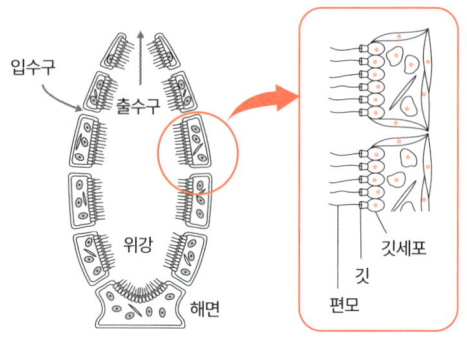

❹ 이배엽동물

이배엽동물은 자포동물 등입니다. 히드라, 해파리, 산호 등이 대표적입니다. 소화관은 있지만 항문이 없어서…… 입으로 먹고 입으로 배설하는 스타일(?)입니다.

❺ 전구동물

해면동물과 자포동물 이외의 많은 동물이 삼배엽동물입니다. 삼배엽동물은 원구(原口)가 그대로 입이 된 전구동물과, 원구 혹은 그 부근에 항문이 생기고 반대편에 입이 생기는 후구동물로 나뉩니다.

전구동물은 탈피동물과 촉수담륜동물로 나뉘는군요…… 탈피동물은 탈피를 하나요?

맞아요. 전구동물은 탈피를 통해 성장하는 탈피동물과 탈피를 하지 않는 촉수담륜동물로 나뉜답니다.

❶ 탈피동물

탈피동물에는 절지동물, 선형동물이 포함됩니다.

절지동물에는 새우나 게 등의 갑각류, 거미나 진드기 등의 거미류, 메뚜기나 파리 등의 곤충류, 지네류 등이 있습니다. 곤충류에 포함되는 생물의 종류가 무척이나 많아 '지구상에서 가장 번성한 동물은 절지동물이다!'라고 말하는 사람도 있죠.

선형동물의 대표적인 예는 선충이나 회충 등입니다. 물속이나 토양 속에 서식하는 종류도 있고, 다른 생물에게 기생하는 종류도 있습니다.

> 일본의 오무라 사토시는 선충의 일종이 원인인 질병을 치료하는 항생물질을 발견해 2015년에 노벨생리학·의학상을 수상하기도 했죠! 이 발견을 계기로 만들어진 약이 아프리카나 중남미에서 발생하는 열대병의 특효약이 되었답니다!

❷ 촉수담륜동물

촉수담륜동물에는 편형동물, 윤형동물, 환형동물, 연체동물 등이 포함되어 있습니다.

> 연체동물은 문어나 오징어 같은 동물이죠? 나머지는…… 모르겠네요.

뭐, 보통은 모를 수밖에요(ㅎㅎ). 순서대로 살펴볼까요.

편형동물은 몸이 편평하기 때문에 이런 이름이 붙었답니다! 대표적인 예는 누가 뭐래도 플라나리아! 자포동물과 마찬가지로 소화관은 있지만 항문은 없는 스타일입니다. 그리고 놀랍게도…… 뇌가 있답니다!

다른 동물도 계속 소개해볼게요.

윤형동물은 섬모가 몸 주변에 고리 모양으로 나 있어서 붙은 이름이랍니다! 대표적인 예가 바로 **윤충**이죠. 윤형동물은 소화관이 제대로 뚫려 있어서 항문이 있습니다.

빨아들이는 곳과 배설하는 곳이 다른 스타일이네요.

환형동물 중에는 유명한 동물이 많습니다! 대표적인 예는 **지렁이**나 **갯지렁이** 등이 있습니다. 우리와 마찬가지로 **폐쇄혈관계**(⇨p.145)를 갖고 있답니다!

알아두어야 할 촉수담륜동물의 마지막 그룹은 바로 연체동물입니다! **문어**나 **오징어** 등의 두족류 외에 **소라**나 **대합** 같은 조개 무리가 포함되어 있죠. 몸은 외투막에 감싸여 있는데, 외투막에서 분비되는 분비물에 의해 딱딱한 껍질을 갖게 된 종류가 많습니다.

오징어나 문어를 상상해보세요. 머리에 다리가 나 있죠? 그래서 오징어나 문어는 두족(頭足)류라고 불린답니다!

❻ 후구동물

자, 후구동물입니다! **극피동물**, **원삭동물**, **척추동물**의 세 가지 그룹을 확인해볼까요!

원삭동물과 척추동물을 합치면 **척삭동물문**이라는 그룹이 됩니다.

극피동물은 후구동물 중에서 척추가 생겨나지 않은 그룹입니다. 대표적인 예로는 성게나 불가사리가 있죠. 극피동물은 몸 안에 수관이라 해서 물이 지나는 관을 갖고 있는데, 수관은 호흡이나 순환, 그리고 운동 등에 관여한답니다.

'새우보다 성게가 나와는 더 가깝구나~!' 하고 생각하면서 초밥을 먹게 되겠네요.

원삭동물은 척삭이 생겼지만 척추는 생겨나지 않았습니다. 대표적인 예로는 멍게, 창고기가 있습니다. 척추동물과 마찬가지로 관 형태의 신경계를 갖고 있지만 뇌와 척수의 분화는 되지 않았습니다.

척추동물은 척삭이 생겨나지만 최종적으로는 퇴화됩니다. 그리고 척추가 생겨나고 뇌와 척수가 분화되죠. 일반적으로 현생 척추동물은 무악류 · 연골어류 · 경골어류 · 양서류 · 파충류 · 조류 · 포유류의 일곱 그룹으로 나뉩니다.

무악류는 턱이나 가슴지느러미 등이 없는 원시적인 척추동물로, 칠성장어 등이 대표적인 예입니다. 연골어류는 상어나 가오리 무리로, 골격이 탄력 있는 연골로 이루어져 있죠. 경골어류는 일반적인 어류로, 골격의 대부분이 단단한 뼈로 이루어져 있습니다. 연골어류에는 존재하지 않는 부레를 갖고 있답니다.

양서류라 하면······ 개구리 말고 또 뭐가 있을까요?

영원, 도롱뇽 등이 있죠. 선생님, 장수도롱뇽 필통 갖고 계셨죠?

맞아요, 교토 주민으로서 장수도롱뇽이 얼마나 귀여운지 세상에 알리려고요! 양서류는 물속에서 알을 낳고 아가미로 호흡하며 유생까지의 기간을 물속

에서 보낸답니다.

파충류는 뱀, 악어, 거북이 등이 있습니다. 파충류·조류·포유류는 **양막류**였죠. 양막은 배아를 감싸서 보호하는 막이랍니다. 또한 파충류는 어류나 양서류와 마찬가지로 **변온동물**이에요! 이어서 조류! 조류는 앞다리가 날개로 변했고 몸이 깃털로 뒤덮인 항온동물입니다. 최근 파충류와 상당히 가까운 관계라는 사실이 밝혀지고 있죠.

그리고 포유류입니다. 체모가 있는 항온동물로, 젖을 먹여서 새끼를 기릅니다. 포유류는 **단공류**, **유대류**, **진수류**(태반류)로 나뉩니다. 단공류에는 **오리너구리** 등이 속해 있으며, 난생(←알을 낳습니다)이랍니다.

오리너구리는 오스트레일리아의 동부에 서식하고 있는데, 겉모습은 귀엽지만 수컷은 독을 갖고 있어서 위험해요!

유대류는 **캥거루**, **코알라** 등입니다. 태생(←출산합니다)이지만 태반이 발달해 있지 않아 미발달한 새끼를 출산한 뒤, 어미의 배에 달린 주머니 속에서 키운답니다.

그리고 발달한 태반을 통해 모체에서 태아에게 영양분을 공급해 모체 안에서 새끼를 키운 뒤 출산하는 그룹이 진수류입니다. 말, 쥐, 토끼, 고양이, 코끼리, 소, 고래, 원숭이…… 그리고 우리 사람이 포함되어 있습니다.

❼ 바이러스의 분류

바이러스에 대해서도 간단히 분류해두고자 합니다. 일반적으로 바이러스는 유전자로서 어떤 핵산을 갖고 있는지에 따라서 분류되므로 그에 따라 간단하게 정리해보겠습니다.

바이러스는 유전자로서 DNA를 갖는 DNA 바이러스와 RNA를 갖는 RNA 바이러스로 나뉩니다. DNA 바이러스로는 겹가닥 DNA 바이러스, 외가닥 DNA 바이러스가 있습니다. RNA 바이러스에는 겹가닥 RNA 바이러스, 외가닥 RNA 바이러스가 있는데, 외가닥 RNA 바이러스에는 바이러스 RNA를 그대로 번역할 수 있는 양성-극성 외가닥 RNA 바이러스와 바이러스 RNA에 상보적인 RNA를 번역하는 음성-극성 외가닥 RNA 바이러스가 있습니다. 헷갈리시겠지만, 겹가닥 DNA 바이러스, 외가닥 RNA 바이러스 중에서 역전사효소(⇒p.102)를 갖는 바이러스는 각각 다른 그룹으로 분류되는 경우가 일반적입니다. 대중적이지 않은 바이러스도 있지만 대표적인 바이러스를 아래 표에 정리했습니다!

그룹	예
겹가닥 DNA 바이러스	T_2파지, 천연두바이러스, 인유두종바이러스(HPV)
외가닥 DNA 바이러스	파르보바이러스, 덴소바이러스
겹가닥 RNA 바이러스	로타바이러스, 말뇌증바이러스
양성-극성 외가닥 RNA 바이러스	코로나바이러스, 일본뇌염바이러스, C형간염바이러스(HCV), 풍진바이러스
음성-극성 외가닥 RNA바이러스	인플루엔자바이러스, 에볼라바이러스

HPV는 자궁경부암의 원인이 되는 바이러스입니다. HPV에 의한 자궁경부암은 백신으로 발병률을 대폭 낮출 수 있다는 사실이 밝혀져 있으며, 백신의 안전성 또한 과학적으로 확인된 바 있습니다.

또한 HIV(인간면역결핍바이러스)처럼 역전사효소를 가진 바이러스는 이들과는 다른 그룹으로 분류됩니다.

# 생태와 환경

SDGs에서도 중요시되고 있는 환경 보전!

이제는 무엇을 하든지 SDGs(Sustainable Development Goals: 지속 가능한 개발 목표)를 의식해야 하는 시대입니다. SDGs의 17개 목표 중에는 '에너지를 모두에게, 그리고 청정하게', '기후변동에 구체적인 대책을', '풍요로운 바다를 지키자', '풍요로운 대지를 지키자' 등, 환경문제와 관련된 내용이 많이 포함되어 있습니다. 환경문제에 대해 자신의 생활이나 일이 어떻게 연관되어 있으며 영향을 미칠까. 여기에 대해서는 환경에 관한 일정 수준 이상의 이해가 반드시 필요합니다.

'외래생물은 무엇이 문제인가?', '적조가 발생하는 원인은 무엇이며 적조의 무엇이 문제인가?' 등을 알지 못하면 논의가 불가능하지 않을까요.

9장에서는 환경문제에 대한 이해를 하나의 목표로 삼아, 이를 위한 교양을 즐겁게 배워보고자 합니다. 지금까지는 '나무'로밖에 보지 않았던 수목을 "이건 활엽수!", "이건 잎이 커다란 조엽수!", "이건 어두운 숲속에 서식하니까 그늘에서 잘 자라는 음수(陰樹)구나!"라고 구별할 수 있다면 무척 멋진 일이라고 생각합니다. 9장에서 다룰 내용은 의외로 성인에게도 중요한, 알아두면 손해 될 일은 없는 교양입니다.

01 개체군에 대해 생각해보자

 여기서는 양배추 밭의 양배추에만 주목해봅시다.

지렁이나 두더지는 일단 무시하자는 거군요!

 양배추로만 구성된 집단 안에서 먹고 먹히는 관계는 없겠죠……?

양배추가 양배추를 먹으면…… 호러 영화가 따로 없겠네요.

❶ 개체군과 생태계

어떤 지역에서 살아가는 동종 개체의 모임을 **개체군**이라고 합니다. 실제로는 여러 종의 생물이 살아가고 있죠. 여기서 어떤 지역의 여러 개체군을 하나로 뭉뚱그려 **생태군집**, 그리고 **비생물적 환경**까지 합친 것을 **생태계**라고 합니다.

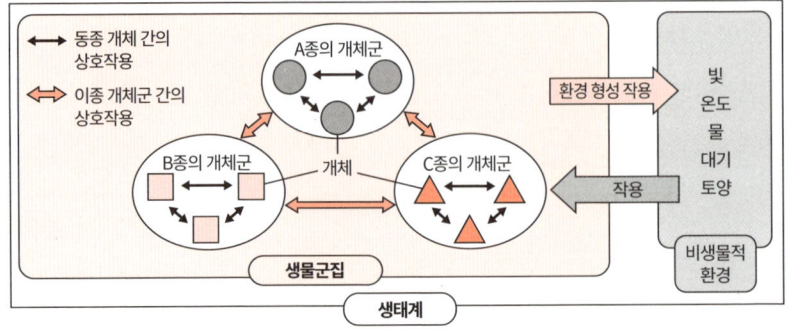

❷ 개체군 내 개체의 분포

개체군 안에서의 개체의 분포 양식으로는 아래 3종류가 대표적입니다.

집중 분포를 따르는 건 어떤 개체군일까요?

으음~ 사막의 오아시스에 식물이 집중적으로 자라는 느낌이 아닐까요?

무척 좋은 발상이에요. 자원이 집중되어 있을 경우, 그곳에 개체가 집중되겠죠. 또한 자원을 둘러싼 경쟁의 결과로 다른 개체를 피해서 구역을 형성하는 생물의 경우, 개체가 일정한 거리를 두는 규칙 분포를 따르게 되기도 합니다.

❸ 개체군 밀도

개체군에 대해 생각할 때는 생활공간당 개체수인 개체군 밀도가 중요합니다. 개체군 밀도는 다음의 식으로 나타낼 수 있습니다!

$$개체군\ 밀도 = \frac{개체수}{생활공간의\ 면적\ 또는\ 부피}$$

개체수를 조사하는 데 적합한 방법은 대상이 되는 생물에 따라 다릅니다. 이동력이 낮은 동물이나 식물에 대해서는 구획법이 이용됩니다. 구획법에서는 조사하는 지역에 일정 크기의 구획을 만들고, 그 안의 개체수를 조사합니다. 그리고 그 결과를 통해 지역 전체의 개체수를 추정하죠. 구획법은 아래 그림과 같은 느낌입니다!

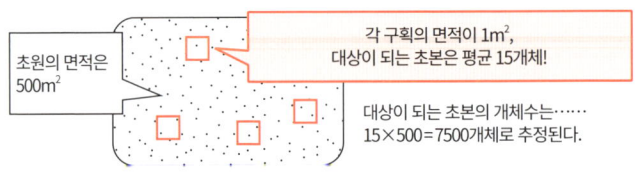

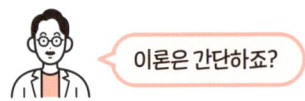
이론은 간단하죠?

❹ 포획 – 재포획법

잘 움직이는 동물의 경우는 포획-재포획법을 사용합니다. 우선 다음의 예제로 포획-재포획법에 대해 감을 잡아봅시다!

> **예제**
>
> 상자 안에 공이(전부 세기가 귀찮을 정도로) 가득 들어 있습니다! 일단은 50개를 꺼내서 표시를 하고 상자에 도로 집어넣습니다. 잘~ 섞은 뒤, 적당히 60개를 꺼내보니⋯⋯ 그 안에 표시가 된 공은 12개가 있었습니다. 상자 안에 공은 전부 몇 개로 추정할 수 있을까요?

상자 안의 공의 개수를 N(개)라고 가정하면 표시가 된 공의 비율은 50/N이 됩니다. 그리고 두 번째에 꺼낸 60개의 공 안에서 표시가 된 공의 비율은 12/60이 되죠.

> 잘 섞어서 적당히 꺼냈으니 둘의 비율은 같다고 보는 거군요.

맞아요! 50/N=12/60이니 N=250이 됩니다. 상자 안에는 본래 250개로 추정되는 공이 들어있었다는 뜻이죠. 이 발상을 이동능력을 가진 실제 동물에 응용하는 것이랍니다!

❺ 개체군의 성장

개체군을 구성하는 개체수가 증가하는 것을 개체군의 성장이라고 합니다. 이 모습을 그래프로 나타낸 것이 성장 곡선이죠. 개체군 밀도가 낮은 동안에는 지수관계적으로 계속 증식하지만 개체군 밀도가 높아지면 먹이의 부족, 생활공간의 부족, 환경의 오염 등에 따라 증식이 둔해지기 시작합니다. 자원은 유한하니까요. 어떤 환경의 개체수에는 상한치가 있는데, 이 상한치를 환경 수용력이라고 합니다.

> 오른쪽의 그림은 초파리 개체군의 성장 곡선입니다! 실제 성장 곡선은 이렇게 S자형 그래프가 된답니다.

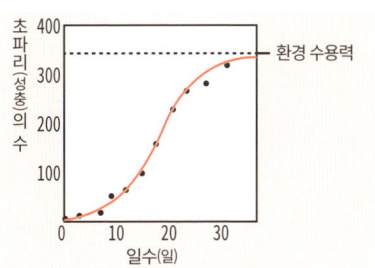

❻ 연령 피라미드

개체군에는 '아기'에서 '어른'까지 다양한 연령의 개체가 포함되겠죠. 개체군을 구성하는 개체를 연령별로 쌓아서 그림으로 나타낸 것을 연령 피라미드라고 합니다. 연령 피라미드를 보면 개체군이 앞으로 성장할지, 쇠퇴할지를 추측할 수 있습니다!

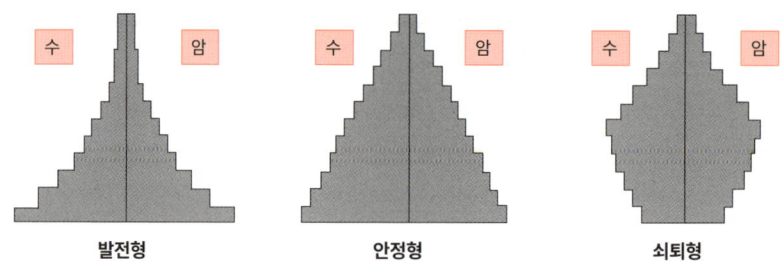

일본의 연령 피라미드를 본 적 있나요?

저출산 문제 뉴스에서 자주 봤어요!

일본의 연령 피라미드는 전형적인 쇠퇴형입니다. 앞으로 인구가 감소할 것이 예상되죠.

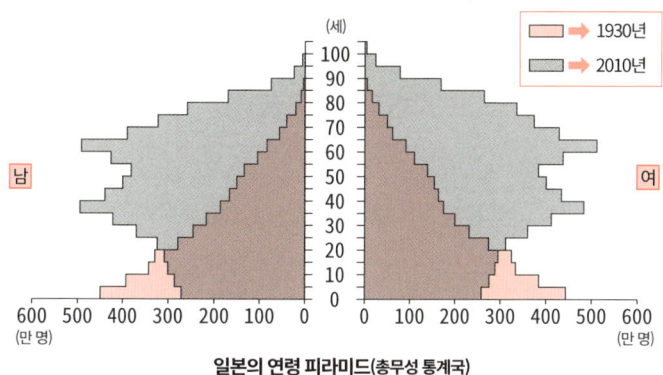

일본의 연령 피라미드(총무성 통계국)

열차의 긴 좌석을 보면 양쪽 끝에 앉는 사람이 많죠.

그야말로 규칙 분포네요(ㅎㅎ).

그렇죠! 갑자기 모르는 사람 옆에 딱 붙어 앉지는 않으니까요.

친구와 함께라면 당연히 집중 분포가 되겠네요!

❼ 자원과 경쟁

개체군에서 개체간의 관계에 대해 생각해봅시다. 먹이, 생활 장소, 배우자 등의 자원은 유한하니 이것들을 둘러싸고 종내 경쟁이 일어나겠죠?

동물의 경우, 세력권을 형성해서 자원을 확보하려는 경우가 많습니다. 세력권에 같은 종의 다른 개체가 침입하면 물리쳐서 세력권을 방어해야 하죠. 예를 들어, 세력권 안의 먹이를 독점할 경우, 쓸데없이 넓은 세력권을 형성해봐

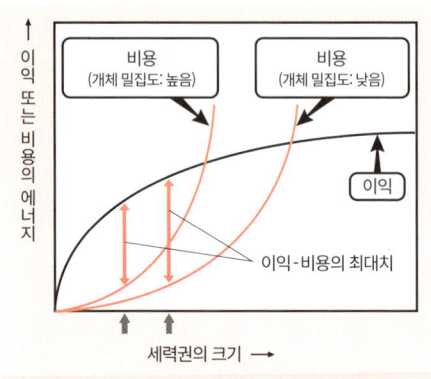

야 먹을 수 있는 먹이의 양에는 한계가 있기 때문에 이익은 한계점에 도달하게 됩니다. 한편, 세력권이 넓으면 넓을수록 방어하는 데에 비용이 소모되죠. 그래서 동물은 자연히 '이익과 비용'의 차이가 최대가 되는 최적의 크기의 세력권을 형성합니다. 굉장하죠~?

위 그림의 ⇞가 가장 적절한 세력권의 크기를 나타내고 있습니다.

❽ 무리

개체군 밀도가 높을 경우에는 세력권을 방어하기 위한 비용이 지나치게 높아져서 세력권을 유지하기 어려워집니다. 그러면 세력권을 포기하고 무리를 형성하는 경우가 있습니다. 또한 본래 세력권을 형성하지 않고 무리지어 생활하는 동물도 있죠.

그런데 무리를 형성할 경우, 어느 정도의 개체의 무리를 형성하면 효율이 좋을까요? 많으면 많을수록 좋을…… 리는 없겠죠.

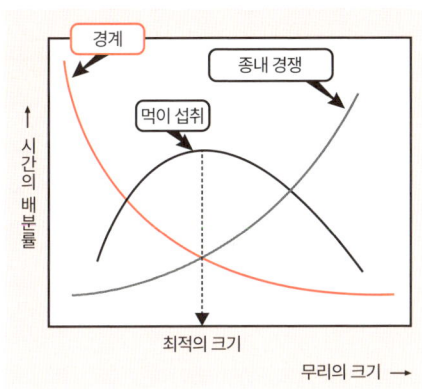

위 그림은 무리의 크기(=무리를 구성하는 개체수)에 따라 '경계', '종내 경쟁', '먹이 섭취', 세 종류의 시간 배분이 어떻게 변하는지를 나타내고 있습니다.

무리가 커질수록 각 개체가 경계에 사용하는 시간이 적어집니다. 하지만 먹이 등의 자원을 둘러싼 종내 경쟁 시간이 늘어나버리죠. 결국 하루라는 활동시간 중 경계 시간과 종내 경쟁 시간을 제외한 시간이 먹이 섭취 시간이 되므로, 먹이 섭취 시간이 최대치가 되는 무리의 크기가 가장 적절한 크기가 됩니다.

 개체군 안에 질서(←규칙)가 있다면 종내 경쟁을 완화시킬 수 있습니다! 애당초 싸움이 벌어지지 않는 구조를 만드는 것이죠!

예를 들어, 무리 안에 우열이라는 순위가 있는 경우를 순위제라고 합니다. 순위가 정해져 있으면 순위에 따라 행동하게 되므로 다툼이 감소하죠. 또한 꿀벌이나 흰개미 등의 곤충의 경우, 무리 안에서 명확한 분업을 찾아볼 수 있습니다. 이러한 곤충을 사회성 곤충이라고 합니다.

여왕벌이나 일벌 같은 것 말이죠?

❾ 사회성 곤충의 혈연도와 포괄 적응도

꿀벌의 일벌은 생식능력이 없는 암컷으로, 워커라고 불리기도 합니다. 워커는 여왕벌의 이익을 위해 행동하죠. 이처럼 타 개체의 이익을 위한 행동은 이타행동이라고 합니다.

이타행동이 존재하는 이유는 뭔가요?
자신의 이익이 되지 않는 행동이 진화한다니 신기해요!

생물의 진화에 대해 알아볼 때면 저도 모르게 '자신이 얼마나 자손을 남길 수 있을까'에 주목하게 되죠? 하지만 실제로는 '자신과 같은 유전자가 자손에 얼마나 널리 퍼질까'가 더 중요하답니다. 그래서 자신이 자손을 남기지 못하더라도 자매관계인 여왕벌이 엄청나게 많은 자손을 남겨준다면 진화적으로는 OK인 셈이죠!

워커에 대해 조금 더 확실히 짚고 넘어가겠습니다. 여기서 중요해지는 것이 바로 혈연도입니다. 혈연도란 해당하는 두 개체가 유전적으로 얼마나 가까운지를 나타내는 지표입니다.

우선 일반적인 2n의 생물로 생각해봅시다! 오른쪽의 가계도에서 ○가 암컷, □가 수컷입니다. 어미의 유전자형이 PQ, 아비의 유전자형이 RS입니다.

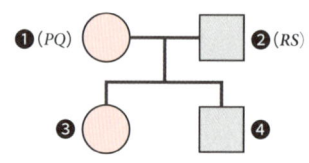

우선 ❶과 ❸…… 즉, 부모와 자식의 혈연도를 구해봅시다. ❶어미가 ❸딸에게 "유전자 P 갖고 있어?"라고 물었다고 가정하겠습니다.

❸이 유전자 P를 갖고 있을 확률은 1/2이네요!

정답입니다! 유전자 P를 가졌을 확률은 1/2이죠. '유전자 P를 1/2개 가졌을 것으로 기대된다'라고도 해석할 수 있죠. 유전자 Q에 대해서도 마찬가지로 1/2이므로 둘의 혈연도는 1/2입니다.

만약 둘의 대립유전자에서 이 확률이 다를 경우에는 평균을 낸 값이 혈연도가 됩니다.

그렇다면 ❸과 ❹ 같은 형제자매간의 혈연도는 어떨까요! 이야기를 쉽게 풀어나갈 수 있게끔 ❸의 유전자형을 PR이라 가정하겠습니다(주: 다른 유전자형이라 가정하더라도 결과는 같아집니다!). 조금 전과 마찬가지로 ❸이 ❹에게 "있잖아, 유전자 P 갖고 있어?"라고 물어보았다고 칩시다.

❶에게서 물려받았는가, 아닌가…… 그러면 1/2이겠네요!

바로 그거예요. 유전자 R 역시 마찬가지이니 형제자매간의 혈연도 역시 1/2이 됩니다.

이 혈연도가 꿀벌의 이타행동에 대한 설명이 되나요……?

그럼 요청에 따라 다음에서 드디어 꿀벌에 대해 다루어보겠습니다!

꿀벌의 핵상(核相)은 암컷이 $2n$이고 수컷이 n입니다! 기본적으로 여왕($2n$)만이 감수분열을 해서 알(n)을 만드는데, 이것이 수정되면 암컷($2n$)이 발생하고, 수정되지 않으면 수컷(n)이 발생합니다.

성이 결정되는 구조는 예상 밖이다보니 조금 놀랐어요!!

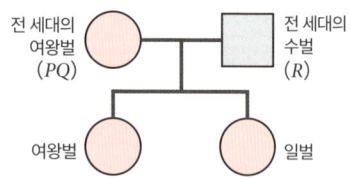

이렇게 생겨난 수정란($2n$)에서 태어난 암컷 중에서 선발된 개체가 여왕벌이, 나머지 개체가 일벌이 되므로 어떤 세대의 여왕벌과 일벌은 자매라는 말이 됩니다.

위의 그림을 이용해 동세대의 여왕벌(언니)과 일벌(여동생)의 혈연관계를 구해봅시다. 동세대의 여왕벌의 유전자형을 PR이라 가정하겠습니다.

일벌도 반드시 유전자 R을 가진다는 사실에 주의합시다!

"동생아, 유전자 P를 갖고 있느냐?"라고 말하는 언니(여왕벌)의 질문에 대해, 동생이 갖고 있을 확률은 1/2입니다. 한편, "동생아, 유전자 R을 갖고 있느냐?"

라는 질문에 대해서 반드시 갖고 있을 확률은 1이죠. 평균을 내보면 혈연도는…… 3/4이겠군요!

> 꿀벌 자매간의 혈연도가 일반적인 2n 동물의 형제 자매간의 혈연도보다 높다는 것이 포인트일까요?

맞아요! 어떤 개체가 자신의 자손을 남길 수 있는 가능성을 적응도라고 합니다. 그리고 자신의 자손이 아니라 하더라도 자신과 같은 유전자를 가진 자손을 남길 수 있는 가능성을 포괄적응도라고 합니다. 포괄적응도가 높아지는 유전자는 자손에게 전해져서 확산되기 쉬우므로 진화에서 유리해집니다.

> 일벌은 여왕벌이 많은 자손을 남길 수 있게끔 여왕벌을 돌봅니다. 그러면 자신이 자손을 남기지 못하더라도 포괄적응도를 높일 수 있기 때문이죠.

02 이종 간의 관계에 대해 생각해보자

다른 종과의 사이에서 경쟁이 발생했을 때, 경쟁에서 이긴 쪽은 어떤 기분일까요!

"아싸! 해냈다!" 하고 기쁜 마음이지 않을까요?

조금 다르답니다. "아, 경쟁하느라 지쳤다~(^^;;;) 그래도 지는 것보다는 낫지……"라는 느낌이죠!

이긴 쪽인데, 조금 의외네요!

❶ 생태적 지위와 공존

생물군집에서 어떤 생물이 필요로 하는 식량이나 생활공간, 시간 등 자원의 종류나 자원의 이용 방식 등을 한데 묶어서 <u>생태적 지위</u>라고 합니다. 어려운 용어니까 조금씩 어떤 느낌인지 파악해봅시다.

A라는 종과 B라는 종의 생태적 지위가 매우 비슷할 경우, 어떻게 될까요? 같은 장소에서, 같은 시간에, 같은 먹이를 먹는다면…….

"방해되잖아~! 그 먹이 내놔!" 하고 다툼이 벌어지겠죠.

맞아요! 생태적 지위가 매우 가까운 종이 한 장소에 있으면 <u>종간 경쟁</u>이 일어날 가능성이 높아집니다! 강렬한 종간 경쟁이 일어나면 한쪽 종이 그 공간에서 배제되어버릴 경우가 있죠. 이것을 **경쟁적 배제**라고 합니다.

첫머리의 대화에도 나왔듯이, 종간 경쟁에서 승리했다 하더라도 경쟁에 에너지나 시간을 소비했기 때문에 그 종에게는 손실이 생긴 셈이죠. 그렇다면 종간 경쟁을 되도록 완화시켜서…… 가능하면 피하고 싶다는 생각이 들지 않을까요?

그래서 생태적 지위를 본래의 위치에서 조금 벗어나게 해 종간 경쟁을 완화시키는 경우가 많습니다. 예를 들어, 먹이를 바꾸어보거나, 생활공간을 살짝 옮기는 식으로 말이죠.

> 먹이를 바꾸거나, 이사를 간다는 말이군요. 어쩐지 사람 같네요……!

그보다 생태적 지위가 가까운 종과 공존할 경우에는 단순히 생활공간 따위를 바꿀 뿐만 아니라, 형질의 변화를 동반하는 경우가 있습니다. 이러한 변화를 **형질치환**이라고 합니다.

> 나는 사실 부리가 훨씬 길었지만…… 종간 경쟁을 피하기 위해 형질치환을 해서 부리가 짧아졌어!

❷ 피식자 – 포식자 상호관계

다음은 **피식자-포식자 상호관계**, 이른바 '먹고-먹히는' 관계에 대해서 알아봅시다. 물론 먹히는 쪽이 **피식자**, 먹는 쪽이 **포식자**랍니다. 피식자와 포식자의 개체수 변동 상황을 나타낸 다음 페이지 그래프를 살펴봅시다! 뭔가가 느껴지지 않으시나요?

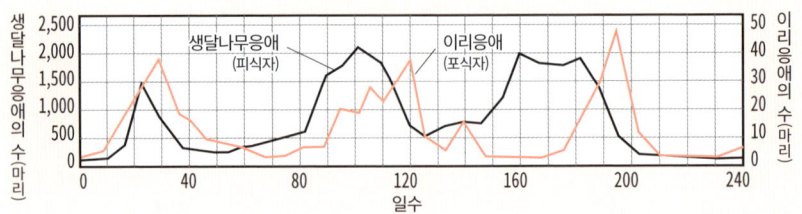

둘이 늘어나고 줄어드는 타이밍에 살짝 차이가 있네요!

맞아요! 조금 더 정확하게 말하자면 포식자의 개체수가 변동하는 타이밍이 조금 늦습니다. 피식자가 늘어나면 '만세! 먹이가 늘어났다!' 하고 포식자가 늘어나고, 피식자가 줄어들면 '먹이가 부족해……' 하고 포식자가 줄어드는 흐름이랍니다.

❸ 공생과 기생

자연계에는 종간 관계에서 쌍방에게 모두 이익이 되는 경우도 있습니다. 이러한 관계를 상리공생이라고 합니다.

이해하기 쉬운 예를 들어보자면…… 벌레를 이용해 꽃을 피우는 속씨식물과 꽃가루를 운반하는 곤충의 관계도 상리공생입니다!

속씨식물은 꽃가루를 운반해주니까 좋고!
곤충은 꿀을 얻을 수 있으니까 좋고! Win-Win이네요.

그 외에 알아두었으면 하는 사례가 있다면…… 개미와 진딧물! 진딧물의 천적은 무당벌레입니다. 개미는 무당벌레로부터 진딧물을 지켜준답니다. 그 대신 진딧물은 개미에게 영양분을 포함한 분비물을 내어주죠.

진딧물아, 먹이를 줘서 고마워♥
보답으로 무당벌레한테서 지켜줄게♪

진딧물을 먹고 싶은데……
개미가 있어서 다가갈 수가 없네(ㅠㅠ)

한쪽만 이익을 보고 다른 한 쪽은 실질적인 이익도, 불이익도 받지 않는 관계를 편리공생이라고 합니다. 숨이고기와 해삼의 관계가 유명합니다. 숨이고기는 해삼의 몸 안에 몸을 숨깁니다. 해삼에게는…… 딱히 이익도 불이익도 없답니다.

그 외에도 한 쪽이 다른 한 종으로부터 영양분 따위를 일방적으로 빼앗아 불이익을 주는 관계인 기생 등이 있습니다. 이익을 얻는 쪽이 기생자, 불이익을 입는 쪽이 숙주입니다. 숙주의 몸 표면에 기생하는 진드기나, 몸 안에 기생하는 회충, 숙주에게 알을 낳는 기생벌 등이 대표적인 사례죠. 벌레를 싫어하는 분에게는 영 불편한 생김새라서…… 인터넷으로 검색해보는 건 좋지만 책임은 못 집니다!

으흑~ 저는…… 사진은 그냥 넘어갈게요……(ㅎㅎ)

④ 간접효과

종간 관계는 직접적인 영향을 줄 뿐만 아니라 다른 종을 거쳐서 영향을 끼치는 경우가 있는데, 이러한 영향을 간접효과라고 합니다. 예를 하나 들어볼까요.

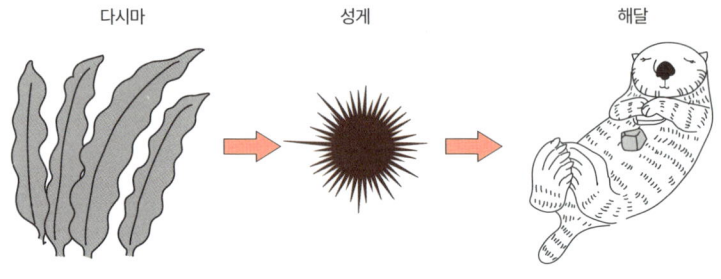

　성게가 다시마를 먹고, 해달이 성게를 먹죠. 해달과 다시마는 직접적인 관계는 없습니다. 하지만 해달이 늘어난다면…… 성게가 줄어들고 성게가 먹는 다시마의 양도 줄어들 테니 다시마는 늘어나겠죠! <u>해달은 간접적으로 다시마의 피해를 감소시키는 작용을 하는 셈입니다.</u>

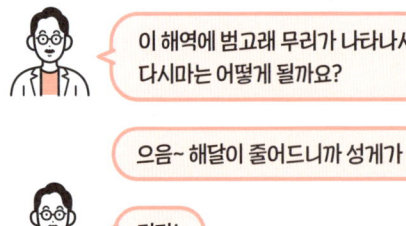
이 해역에 범고래 무리가 나타나서 해달을 계속 잡아먹어버린다면, 다시마는 어떻게 될까요?

으음~ 해달이 줄어드니까 성게가 늘어나서 다시마는 줄어들겠네요.

정답!

여기서부터는 먹이 사슬이에요!

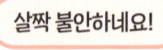
살짝 불안하네요!

다시마를 성게가 먹고, 성게를 해달이 먹죠! 그러다 어느 해에 해달의 수가 감소한 결과……

그렇죠.

성게가 늘어나게 되니 늘어난 성게에게 먹혀서 다시마는 줄어들겠네요.

❺ 먹이사슬

생물군집이 무엇인지에 대해서는 262페이지에서 이미 해설했습니다. 생물 간의 피식자-포식자 상호관계에 의한 관계를 먹이사슬이라고 합니다. 실제로 생물군집을 구성하는 생물은 여러 종의 생물을 먹고, 여러 종의 생물에게 잡아먹히므로…… 먹고 먹히는 관계는 직선이 아니라 아래의 그림처럼 그물 형태를 이루고 있습니다. 이러한 형태를 먹이그물이라고 합니다.

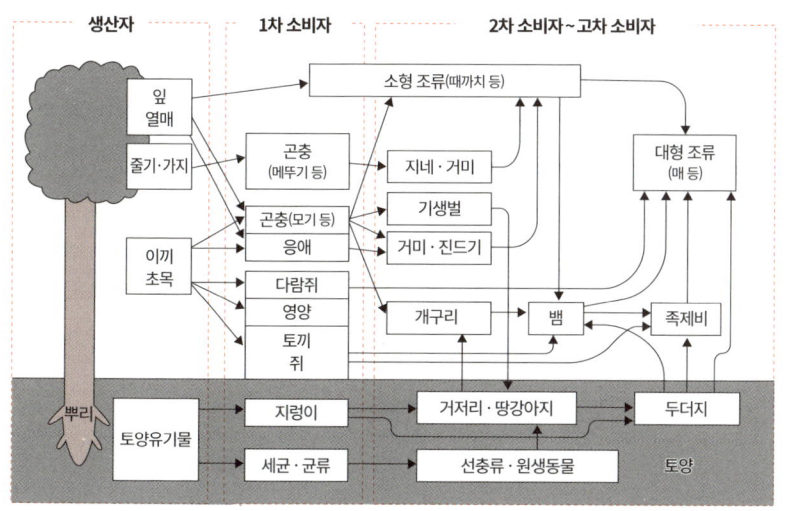

 생물의 유해나 낙엽·나뭇가지에서 생겨나는 먹이사슬은 **부식연쇄**라고 합니다.

생물군집에서 공통된 자원을 이용하는 여러 생물종이 경쟁적 배제를 일으키지 않고 공존하는 경우가 있습니다.

 생태적 지위를 바꾸어서 공존하는 패턴과는 다른 구조인가요?

맞아요! 서로 다른 종이 공존하게 되는 구조로는 '포식자의 존재'나 '교란' 등이 있죠. 이 두 가지에 대해 설명해보도록 하겠습니다.

❻ 포식자의 존재

해안의 바위 밭에 서식하는 홍합이나 따개비는 모두 생태적 지위가 비슷해서 포식자가 없을 경우에는 경쟁에 의해 따개비가 배제됩니다.

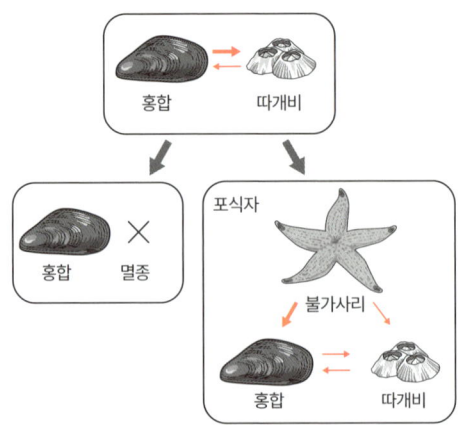

하지만 포식자인 불가사리가 있으면 홍합의 개체군 밀도가 높아지지 않으므로 따개비가 배제되지 않게 되고, 둘은 공존할 수 있게 되죠!

이처럼 상위 포식자의 존재에 의해 종 다양성이 크게 유지되는 경우가 있습니다. 그리고 바위 밭의 먹이그물에서 불가사리처럼 생물군집의 종 다양성을 유지하고 생태계의 균형을 유지하는 데 중요한 역할을 해내는 상위포식자를 가리켜 핵심종이라고 합니다.

핵심종을 인위적으로 제거하면 생태계의 균형이 무너져버려 종 다양성이 줄어들고 만답니다.

❼ 교란

태풍, 하천의 범람처럼 생물군집의 상태를 흐트러뜨리는 현상을 교란이라고 합니다. 큰 교란이 빈번하게 일어날 경우, 교란에 강한 일부 종만 살아남게 되어 종 다양성이 줄어들고 맙니다. 한편 교란이 아주 적은 경우에는 종간 경쟁

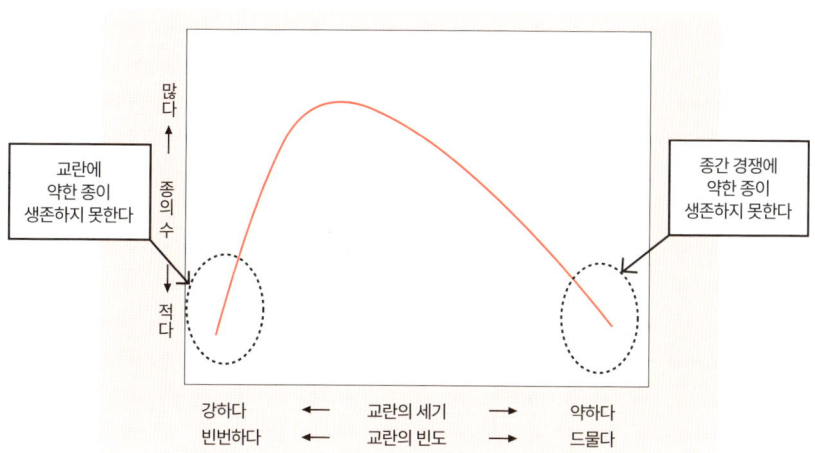

이 심해져서 경쟁적 배제가 일어나게 되므로 종간 경쟁에 강한 종만 남게 되어 종 다양성이 줄어들고 말죠.

중규모의 교란이 일정 빈도로 일어나면 교란에 강한 종과 종간경쟁에 강한 종을 포함해 많은 종이 공존할 수 있게 된답니다.

중규모의 교란이 생물군집의 종 다양성을 높인다는 사고방식을 중규모 교란설이라고 합니다.

03 식생에 대해 생각해보자

 식생에 대한 설명부터 시작해봅시다!

❶ 식생

어느 장소에서 생육하는 식물의 집단을 <u>식생</u>이라고 합니다. 어떠한 식생이 성립하는지는 기온이나 강수량 등의 환경적 요인이 크게 영향을 끼칩니다. 식생은 <u>상관</u>(식생을 외부에서 보았을 때의 외관)에 따라 분류합니다. 이때 가장 두드러진 대표적 식물종을 우점종이라 하는데, 상관은 우점종에 의해 결정됩니다.

식생에는 어떤 것들이 있나요?

식생은 <u>사막</u>, <u>초원</u>, <u>황원</u>, 이렇게 세 가지로 나뉩니다. 초원이나 삼림은 대충 상상이 되시죠? 황원이란 사막이나 툰드라 같은 식생을 가리키는 말로, 식물이 자라나기에 무척 혹독한 환경에서 성립됩니다. 따라서 황원에서는 이 혹독한 환경에서 버틸 수 있는 식물 외에는 살아남을 수 없죠.

초원은 <u>초본식물</u>(←'풀'을 가리킵니다)을 중심으로 하는 식생으로, 열대나 아열대에서는 연간 강수량이 약 1000mm를 밑돌면 삼림이 성립되지 않으므로 초원이 됩니다. 삼림에 대해서는 ❷에서 다루도록 하겠습니다!

식물은 자라는 환경에 적합한 형태를 이루는데, 이 형태를 <u>생활형</u>이라고 합니다. 따라서 비슷한 환경에서는 자라나는 식물의 생활형 역시 비슷합니다. 미국의 사막과 아프리카의 사막은 환경이 비슷하므로 비슷한 다육식물이 자라나고 있죠.

❷ 삼림

삼림에서는 커다란 나무들이 자라나고 있죠.

뭐, 그렇죠. 일단은 다음 삼림의 그림(일본의 조엽수림의 모식도)을 살펴보도록 할까요!

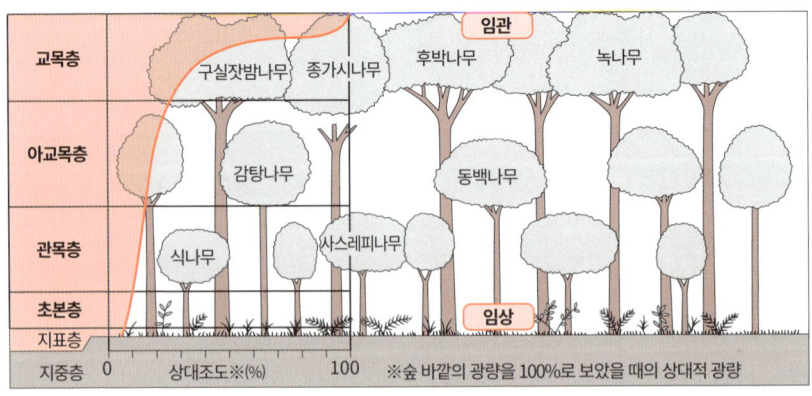

삼림의 최상부를 **임관**, 지표 부근을 **임상**이라고 합니다. 20m가 넘는 높이에 잎을 틔우는 **교목층**, 여기서부터 순서대로 **아교목층**, **관목층**, **초본층** 등 수직 방향의 층상(層狀) 구조를 볼 수 있는데, 이러한 구조를 **계층 구조**라고 합니다. 이끼식물 등으로 이루어진 **지표층**이 발달하는 경우도 있죠.

위 그림에서 왼쪽에 선으로 나타낸 상대조도 그래프에서 알 수 있듯이 삼림

안쪽에는 빛이 잘 도달하지 못합니다. 따라서 관목층이나 초본층에는 빛이 적은 조건에서도 성장할 수 있는 음생식물이 자라나고 있습니다.

 빛이 적은 조건에서는 자라날 수 없지만 빛이 강한 조건에서는 음생식물보다도 성장속도가 빨라지는 식물을 양생식물이라고 합니다.

식물은 토양에 뿌리를 내립니다. 토양은 층상 구조를 이루고 있습니다. 표면은 낙엽이나 나뭇가지로 이루어진 층, 그 아래는 낙엽 등의 분해가 진행된 부식층, 그보다 아래쪽은 부식이 적은 무기질이 모여 있는 층, 그리고 암반층의 구조를 이루고 있죠(오른쪽 그림).

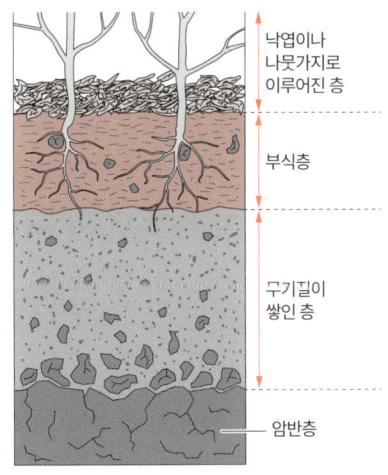

 부식층은 낙엽·나뭇가지나 동물의 시체 등의 유기물이 부분적으로 분해된 층으로, 거무스름한 색을 띠고 있습니다.

❸ 빛의 세기와 광합성의 관계

뭔가 어려워 보이는 그래프네요.

 걱정 말아요! 의외로 단순한 그래프니까!

03 식생에 대해 생각해보자 • 285

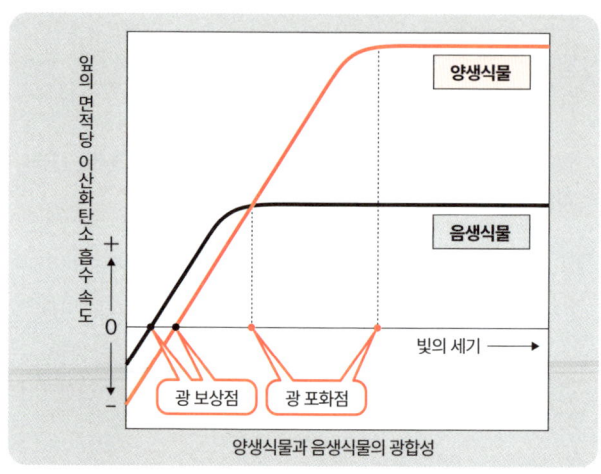

양생식물과 음생식물의 광합성

세로축은 '차감해서 식물이 어느 정도의 이산화탄소를 흡수했는가'를 의미합니다. 이것이 핵심이죠!

예를 들어, 광합성으로 100g의 이산화탄소를 흡수하고, 동시에 호흡으로 20g의 이산화탄소를 방출했을 경우, 차감해서 80g의 이산화탄소를 흡수한 셈이 되겠죠? 빛이 약할 경우에는 호흡 속도가 광합성 속도를 웃돌 테니 마이너스 수치가 됩니다!

식물은 '광합성 속도>호흡 속도'라는 관계에서만 성장할 수 있습니다. 왜냐하면 몸을 구성하는 유기물의 양을 늘려나가야만 하니까요. 그리고 '광합성 속도=호흡 속도'가 되는 빛의 세기를 광 보상점이라고 합니다.

음생식물은 빛이 약한 조건에서도 성장할 수 있어요!
하지만 빛이 강한 조건의 경우 양생식물의 성장속도가 더 빨라지겠네요!
정말로 단순한 그래프였군요♪

완벽해요! 그리고 같은 나무라도 강한 빛을 받는 위치의 잎(양엽)은 양생식물에 가까운 성질을 갖고, 강한 빛을 받지 못하는 위치의 잎(음엽)은 음생식물에 가까운 성질을 갖게 됩니다. 식물은 무척이나 능숙하게 환경에 적응한다는 사실을 알 수 있죠.

역시 인생에는 어두운 성격보다 밝은 성격이 더 이득이라는 걸까요……?

……. 그것까진 잘 모르겠네요.

❹ 식생의 천이

식생이 시간과 함께 변하는 현상을 천이(遷移)라고 합니다. 식생은 어떻게 변해나가는 걸까요?

천이는 시작 지점의 상태에 따라 **1차 천이**와 **2차 천이**로 나뉩니다.

1차 천이	특징: 토양이 존재하지 않는 장소에서 시작된다.
	예: 건성천이(용암류 등에 의해 생겨난 맨땅에서 시작된다) 습성천이(호수와 늪지 등에서 시작된다)
2차 천이	특징: 토양이 존재하는 장소에서 시작된다.
	예: 산불이나 삼림을 벌채한 곳, 경작 후 방치된 땅 등에서 시작된다.

용암류 등에 의해 생겨난 맨땅은 영양분이 적고 건조하기 때문에 혹독한 환경에도 버틸 수 있는 식물밖에 자라날 수 없습니다. 이처럼 천이 초기에 나타나는 종을 선구종이라고 합니다. 지의류(균류와 조류가 복합체를 이루어 생활하는

식물군-옮긴이)나 이끼식물 외에 억새(⇒p.293) 등의 초본식물이 선구종이 되는 경우가 있습니다. 이후 서서히 토양이 형성되고 초원을 이루고, 이어서 관목림이 됩니다.

관목층까지는 지표 부근까지 빛이 잘 도달하므로 양생식물이 우세하답니다!

이후 양수(←양생식물의 수목)가 삼림을 형성해 양수림이 됩니다. 교목림이 되면 임상에 도달하는 빛이 약해지기 때문에 양수의 유목(幼木, 어린 나무-옮긴이)이 자라나기 어려워집니다! 하지만 음수(←음생식물의 수목)는 싹을 틔울 수 있으므로 임상에서는 음수의 유목만이 자라나게 되겠죠.

······그렇다면 그 다음에는······

오! 알아차렸나보군요!
깊게 생각하면서 이해하고 있다는 증거예요.

양수가 말라죽어 가면 서서히 음수로 교체되면서 양수와 음수가 섞인 혼교림이 되고, 시간이 더 흐르면 음수림이 된답니다.

천이가 어떻게 진행되는지 오른쪽 페이지 모식도로 살펴봅시다♪

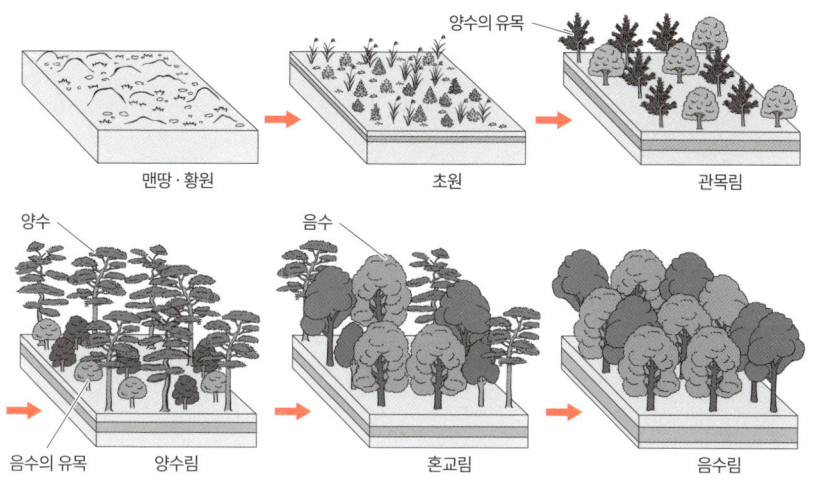

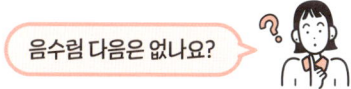

    음수림의 임상도 어두운 건 마찬가지지만 음수의 유목은 자라날 수 있겠죠. 따라서 음수림이 되면 그 뒤로는 원칙적으로 쭈욱~ 음수림의 상태를 이룹니다. 이처럼 식생을 구성하는 식물종이 변하지 않는 상태를 극상이라고 하며, 극상이 된 삼림을 극상림이라고 한답니다.

    하지만 극상림이라 하더라도 태풍 등에 의해 임관을 형성하는 수목이 꺾이거나 쓰러졌을 경우, 임관에 빈틈이 생겨납니다. 이러한 빈틈을 갭이라고 합니다. 임상까지 빛이 도달할 정도의 큰 갭이 생겨나면 양수의 씨앗이 발아해 자라나게 되고, 그 일부가 임관까지 성장하는 경우가 있습니다. 따라서 극상림이라 하더라도 군데군데 양수가 존재하는 경우가 있답니다.

❺ 기후와 생물군계의 관계

생물군계라고요? 어려워 보이는 이름이네요.

생물군계는 영어로 바이옴(biome)라고 하는데, bio-는 '생물', -ome는 '전부'라는 뜻이랍니다. 유전자 정보 전체를 가리켜 유전체, 게놈(⇒p.68)이라고 했었죠? 게놈은 유전자(gene)에 -ome가 붙은 단어랍니다.

생물군계는 어느 지역의 식생과 그곳에 서식하는 동물 등을 모두 포함한 생물의 군집을 말합니다. 생물군계의 종류와 분포는 연 평균 기온과 연 강수량에 대응합니다(아래 그림).

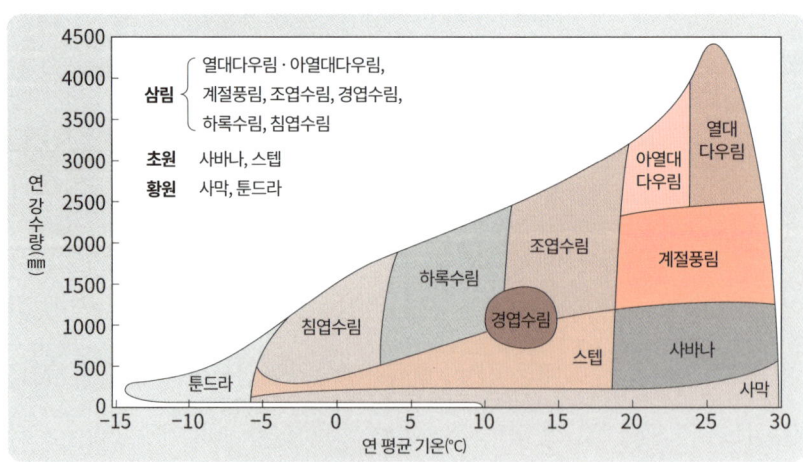

강수량이 충분하다면…… 기온이 낮은 쪽부터 **툰드라**, **침엽수림**, **하록수림**, **조엽수림**, (**아열대다우림**), **열대다우림**이 됩니다.

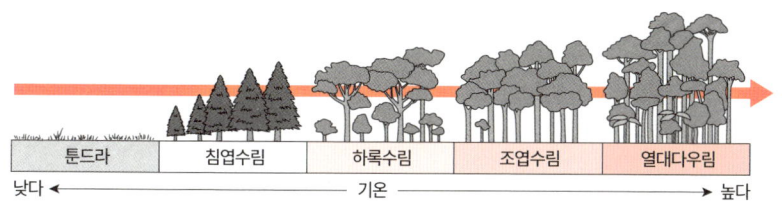

 연 평균 기온이 20℃를 넘는 기온이 높은 지역이라면…… 강수량이 적은 쪽부터 사막, 사바나, 계절풍림, 열대다우림이 됩니다.

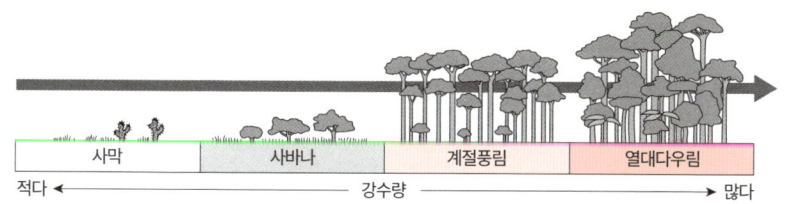

경엽수림은 어디에 있나요? 잎이 딱딱한 나무인가요?

 맞아요, 잎이 딱딱하답니다! 지중해 연안처럼 여름에 건조하고 겨울에 비가 많이 내리는 지역에 분포해 있습니다. 큐티클이 발달한 작고 단단한 잎이 달립니다. 올리브나 코르크참나무처럼 '지중해 연안스러운 식물'이 대표적인 종입니다.

 자, 각 생물군계에서 대표적인 식물종을 정리해봅시다.

생물군계의 종류	대표적인 식물
열대다우림	이엽시과, 착생식물, 덩굴식물, 홍수과
아열대다우림	용나무, 헤고, 대만고무나무, 홍수과
계절풍림	티크나무
조엽수림	떡갈나무, 메밀잣밤나무, 후박나무, 동백나무
하록수림	너도밤나무, 물참나무, 단풍나무
경엽수림	올리브나무, 코르크참나무, 월계수
침엽수림	벳지전나무, 솔송나무, 가문비나무, 전나무
사바나	벼과의 초본, 아카시아나무
스텝	벼과의 초본
사막	다육식물(←선인장 등)
툰드라	지의류, 이끼식물

인터넷으로 사진을 검색해보면 재미있답니다♪

　열대나 아열대의 하구 부근에는 **홍수과**(科)의 식물이 자라나 **맹그로브**라는 삼림을 형성합니다. 맹그로브는 식물의 이름이 아니라 삼림의 이름이랍니다!
　착생식물은 다른 나무 등에 부착해서 살아가는 식물입니다. 헤고는 수목을 이루는 양치식물이죠! 침엽수림은 주로 상록침엽수인 벳지전나무, 가문비나무, 전나무로 이루어져 있지만 장소에 따라서는 **일본잎갈나무** 같은 낙엽침엽수도 찾아볼 수 있습니다. 일본잎갈나무를 부르는 또 다른 이름으로는 '낙엽송(落葉松)'이 있답니다!

메밀잣밤나무의 친척인 **구실잣밤나무**예요! 잎이 큼직큼직한 게 조엽수란 느낌이 들죠?

이건 **억새**! 가을의 일곱 풀* 중 하나로, 선구종의 대표적인 사례랍니다.
달맞이 하면 떠오르는 식물이지만 결국은 생명력 강한 잡초죠!

* 일본의 가을을 대표하는 일곱 가지 풀로, 싸리, 도라지, 칡, 흰술패랭이꽃, 마타리, 등골나물, 억새를 말한다 - 옮긴이

왼쪽 사진은 너도밤나무인가요······?

인공적으로 만들어진 **너도밤나무** 숲이에요! 인공림이기 때문에 빛이 잘 든답니다.

오른쪽은 일본 오사카 식물원의 **종가시나무**! 도토리 같은 열매가 맺히죠!

선생님, 정말로 식물을 좋아하시네요!

❻ 일본의 생물군계의 특징과 분포

일본은 기본적으로 어느 곳이나 강수량이 충분하기 때문에 원칙적으로 '삼림'만이 성립된답니다! 따라서 일본에서는 수평분포(←위도에 따른 생물군계의 수평방향 분포)와 수직분포(←중부지방의 해발고도에 따른 생물군계의 수직방향 분포)에서 같은 종류의 생물군계가 동일한 순서로 출현하죠.

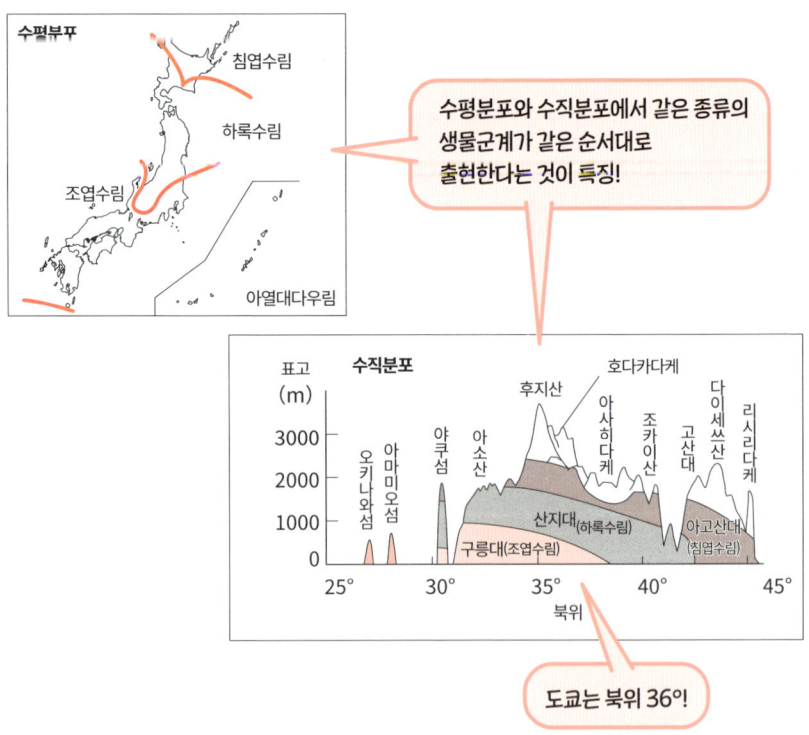

수평분포와 수직분포에서 같은 종류의 생물군계가 같은 순서대로 출현한다는 것이 특징!

도쿄는 북위 36°!

일본의 생물군계는 저위도 지역부터 차례대로 아열대다우림, 조엽수림, 하록수림, 침엽수림을 이룹니다(왼쪽 페이지 왼쪽 그림). 규슈, 시코쿠부터 간토 지방까지의 저지(低地)에는 조엽수림이, 도호쿠에서 홋카이도 남부의 저지에는 하록수림이 형성되어 있죠.

기온은 해발고도가 100m 높아질 때마다 0.5~0.6℃ 낮아집니다. 따라서 해발고도에 따라 생물군계가 변합니다. 혼슈 중부의 경우, 해발고도가 700m 정도까지의 구릉대에 조엽수림이, 1700m 정도까지의 산지대에는 하록수림이, 2500m 정도까지의 아고산대에는 침엽수림이 형성되어 있습니다(왼쪽 페이지 오른쪽 그림).

> 해발고도가 2500m보다 높은 장소에는 무엇이 있나요?

아고산대의 상한을 삼림한계라고 합니다. 다양한 요인에 의해 이보다 높은 장소에서는 삼림이 형성되지 않습니다. 삼림한계보다 위쪽 지대를 고산대라고 부르는데, 키가 작은 눈잣나무나 초본식물인 망아지풀 등의 고산식물이 분포해 있답니다.

> 눈잣나무는 '누워 자라는 잣나무'라는 뜻으로, 땅을 기는 듯한 모습 때문에 붙은 이름이죠.
> 고산대는 바람이 강해서 키 큰 나무가 자라날 수 없답니다.

04 생태계란 무엇인가?

'생태계란 무엇인지'를 이해한다는 것은
환경문제를 올바르게 이해하기 위한 첫걸음이랍니다!

❶ 생태계

어느 지역에 서식하는 생물과 그 생물을 둘러싼 환경을 묶어서 <u>생태계</u>라고 합니다. 여기까지는 262페이지의 복습이 되겠네요.

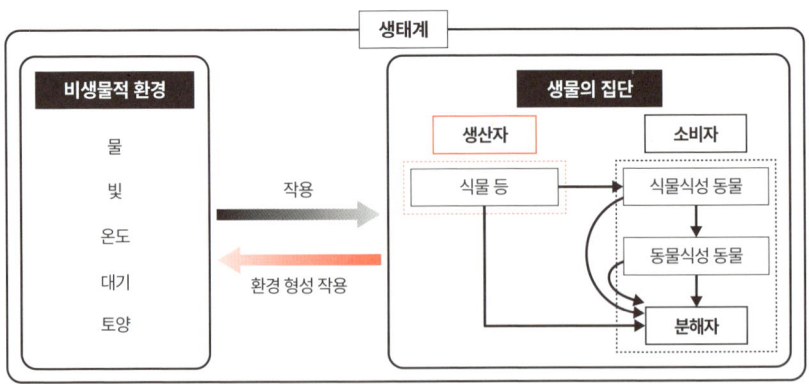

생태계에서 식물이나 조류처럼 무기질에서 유기질을 합성할 수 있는 <u>독립영양생물</u>을 <u>생산자</u>라고 합니다. 반면 생산자가 만들어낸 유기물을 직접 혹은 간접적으로 섭취해 이용하는 <u>종속영양생물</u>을 소비자라고 하죠. 소비자 중에서 생

산자를 먹는 동물(식물식성 동물)을 **1차 소비자**, 1차 소비자를 먹는 동물(동물식성 동물)을 **2차 소비자**라고 합니다. 이어서 죽은 식물ㆍ시체ㆍ배출물을 분해하는 과정에 관여하는 소비자를 **분해자**라고 합니다.

분해자는 소비자의 일종이군요!

생태계 안에서의 피식자와 포식자의 관계를 **먹이사슬**이라고 합니다. 실제 생태계에서는 포식자는 여러 종류의 생물을 포식하므로 먹이사슬은 복잡한 **먹이그물**을 이룹니다(⇒p.279).

❷ 영양단계와 생태 피라미드

어제 해산물 덮밥을 먹었는데…… 저는 몇 차 소비자인 걸까요……?

사람은 잡식이니까요. 몇 차 소비자라고 정할 수 없답니다.

생산자의 관점에서 본 먹이사슬의 각 단계를 **영양단계**라고 합니다. 각 영양단계의 생물의 개체수를 조사해서 쌓아올리면 '기본적으로' 피라미드 형태가 됩니다. 이것을 **개체수 피라미드**라고 합니다(다음 페이지 왼쪽 그림).

이어서 각 영양 단계의 생물의 생물량, 알기 쉽게 표현하자면 '무게'를 측정해서 쌓아올린 경우에도 '기본적으로' 피라미드 형태가 됩니다. 이것을 **생물량 피라미드**라고 합니다(다음 페이지 오른쪽 그림).

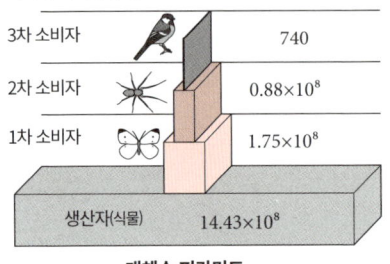

개체수 피라미드

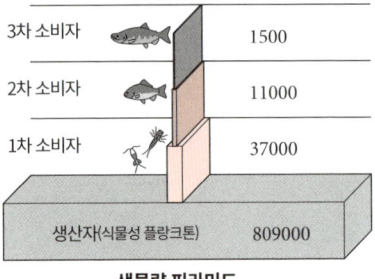

생물량 피라미드

> 선생님이 말씀하신 '기본적으로'라는 표현이 마음에 걸리네요!

역시, 바로 눈치챘군요♪

예를 들어, 개체수 피라미드의 경우…… 생산자가 거대한 나무이며 1차 소비자가 작은 벌레라고 가정해보겠습니다. 이 경우는 1차 소비자의 개체수가 압도적으로 많겠죠? 이처럼 예외적으로 피라미드가 역전되는 경우도 있기 때문에 '기본적으로'라는 표현을 사용한 것이랍니다.

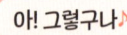

> 아! 그렇구나♪

> 사람은 잡식이라고 했지만 우리 고향 나가노에서는 메뚜기를 볶아서 먹는답니다. 맛있다니까요! 정말로♪ 나가노현에 가볼 기회가 있으면 꼭 드셔보세요! 토산품으로도 팔고 있으니까.

> ……네, 긍정적으로 검토해볼게요.

일단은······ 먼젓번에 저희 식탁에 오른 메뚜기랍니다!

얼마나 맛있는데요. 진짜로!! 요즘 화제가 되고 있는 '곤충식'이에요. 우리 딸도 완전 좋아한다고요!!

❸ 탄소순환

탄소는 생태계 내부를 순환하고 있습니다.

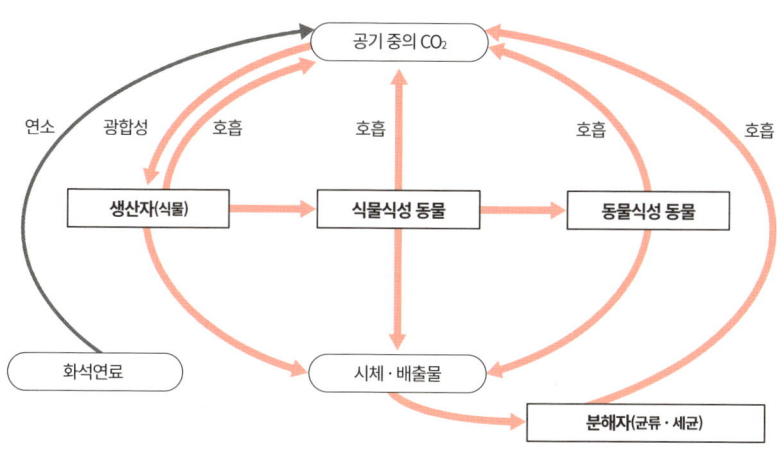

생물에 포함된 유기물을 구성하는 탄소 원자(C)는 본래 이산화탄소(CO_2)입니다. 대기 중에는 CO_2가 약 0.04%(←0.04%는 400ppm입니다) 포함되어 있는데, 생산자에게 흡수되어 유기물로 바뀝니다. 그 유기물의 일부는 생산자의 호흡에 이용되거나 체내에 축적되죠. 또한 일부는 1차 소비자(식물식성 동물)에게 먹히고, 이어서 낙엽·나뭇가지 등의 형태로 토양에 공급됩니다.

동물이 먹어서 획득한 유기물 역시 마찬가지인데, 호흡에 사용되거나, 체내에 축적되거나, 또 다시 다른 동물에게 먹히기도 하고, 시체나 배출물로서 토양에 공급되기도 합니다. 그리고 토양에 공급된 유기물은 분해자의 호흡에 의해 CO_2로 돌아가죠. 이렇게 탄소(C)는 순환하고 있답니다.

앞 페이지 그림 속 **화석연료**란 석유나 석탄을 말합니다. 인간이 이것들을 연소시키면 대기 중의 이산화탄소 농도가 상승하게 되죠(⇒p.314).

❹ 질소순환

탄소 이외의 물질도 생태계 내부를 순환하고 있습니다. 물론 질소도 순환하고 있죠

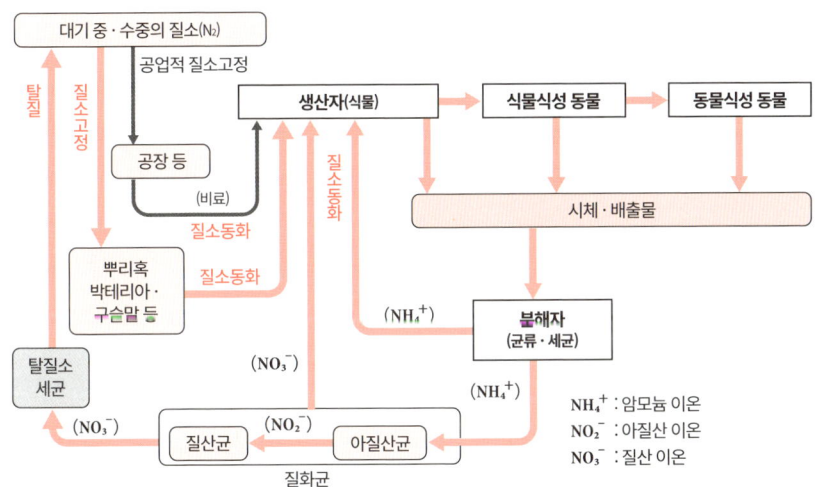

탄소순환보다 복잡해 보이네요.

확실히 조금 복잡하죠. 조금씩 공략해봅시다!

질소고정은 공기 중의 질소 가스(N_2)에서 암모늄 이온(NH_4^+)을 만드는 것입니다. 질소고정은 일부 원핵생물만이 실시할 수 있죠. **뿌리혹박테리아**, **아조토박터**, 클로스트리디움, 그리고 구슬말 등의 일부 사이아노박테리아 등입니다.

뿌리혹박테리아는 단독으로 생활할 때는 질소고정을 하지 않지만 자운영 같은 콩과 식물의 뿌리에 공생하면 질소고정을 실시합니다.

동식물의 시체나 배출물에 포함된 유기질소화합물은 분해자의 작용에 의해 암모늄 이온(NH_4^+)으로 변합니다. 이 NH_4^+는 아질산균과 질산균이라는 세균에 의해 질산 이온(NO_3^-)이 됩니다. 그리고 NH_4^+나 NO_3^-는 식물에게 흡수되죠.

아질산균과 질산균을 합쳐서 질화균이라고 하는군요!

식물은 흡수한 NH_4^+나 NO_3^-를 사용해서 단백질이나 핵산 등의 유기질소화합물을 합성합니다. 이 작용을 질소동화라고 합니다!

또한 토양 안의 일부 NO_3^-는 탈질소 세균의 작용에 의해 질소 가스(N_2)로 돌아갑니다. 이 작용을 탈질이라고 합니다.

최근 질소 비료 따위를 공업적으로 만들어내는 인간의 활동 때문에 공업적으로 고정되는 질소의 양이 증가하고 있답니다.

❺ 에너지의 흐름

에너지는 생태계 내부를…… 순환하지 않습니다!

만약 에너지가 순환한다면 태양이 없어지더라도 상관없는 세상이 되어버리겠죠!(ㅎㅎ) 태양의 빛에너지는 생산자의 광합성에 의해 흡수되고, 그 일부가 유기물의 화학에너지로 바뀝니다. 이 유기물의 화학 에너지는 먹이사슬을 통해 상위 소비자에게로 흡수되거나 시체, 배출물로서 분해자에게 넘어갑니다. 이 과정에서 이용된 다양한 에너지는 결국 최종적으로 열에너지가 되어 대기 중으로 방출되고 맙니다. 그 후, 이 열 에너지는 적외선으로서 우주공간으로 빠져나간답니다(오른쪽 페이지 그림).

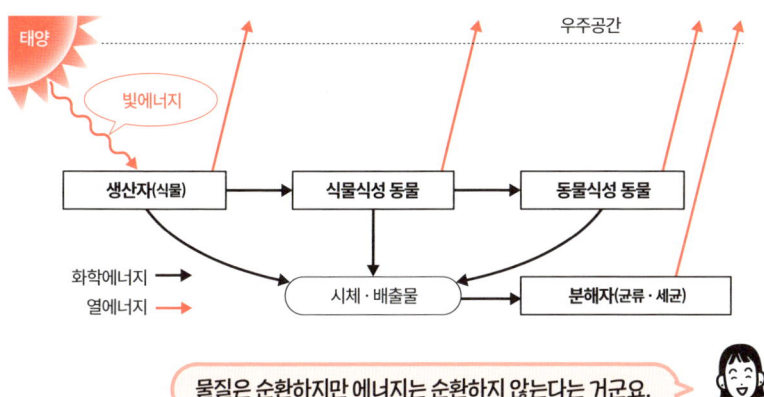

05 물질수지 계산해보기

용돈을 1000원 받았습니다!
그런데 실수로 200원을 떨어뜨리고 말았네요.

실수로요!?

300원을 썼습니다! 얼마가 남았을까요?

초등학교 산수 문제네요....... 당연히 500원이죠.

이 분야의 계산은 이런 느낌이랍니다! 계산 자체는 간단하죠.

❶ 생산자의 생산량과 성장량

오른쪽 페이지 그림을 봐주세요. 일정 면적 안에 존재하는 생물량을 <u>현존량</u>이라고 합니다. 간단하게 말하자면 유기물의 무게죠. 또한 일정 면적 안의 생산자가 광합성으로 생산하는 유기물의 총량을 <u>총생산량</u>이라고 합니다. 총생산량의 일부는 호흡으로 소비되고, 생산자의 생명활동에 이용됩니다. 이 양을 <u>호흡량</u>이라고 합니다. 그리고 총생산량에서 호흡량을 뺀 값을 <u>순생산량</u>이라고 합니다.

'순생산량 = 총생산량 - 호흡량'이라는 관계랍니다.

생산자의 몸 일부는 낙엽 등으로 잃어버리거나 1차 소비자에게 먹힙니다. 이것들의 양을 각각 고사량, 피식량이라고 합니다. 순생산량에서 고사량과 피식량을 뺀 나머지가 생산자의 성장량, 즉 생산자의 현존량의 증가분이 됩니다.

'성장량 = 순생산량 - (고사량+피식량)'이라는 관계죠.
이 관계를 그림으로 나타내면 아래와 같습니다.

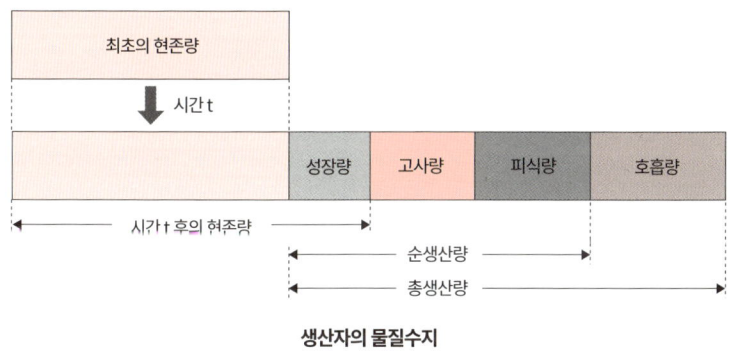

생산자의 물질수지

❷ 소비자의 동화량과 성장량

다음은 소비자인 동물에 대해서 생각해봅시다! 동물이 먹은 양을 섭식량이라고 합니다. 먹은 유기물을 모두 소화·흡수할 수는 없죠. 그러니 섭식량에서 불소화배출량(←똥의 양)을 뺀 만큼이 실제로 흡수되는 양으로, 이것을 동화량이라고 합니다.

'동화량 = 섭식량 - 불소화배출량'이라는 관계입니다.

소비자의 동화량은 생산자의 총생산량에 해당합니다. 따라서 동화량에서 호흡량, 그리고 피식량과 사멸량을 뺀 나머지가 소비자의 성장량이 됩니다. 또한 소비자의 경우 동화량에서 호흡량을 뺀 양을 **생산량**이라고 합니다.

'**성장량 = 동화량 - (호흡량 + 피식량 + 사멸량)**'이라는 관계입니다.
이 관계를 그림으로 나타내면 아래와 같습니다.

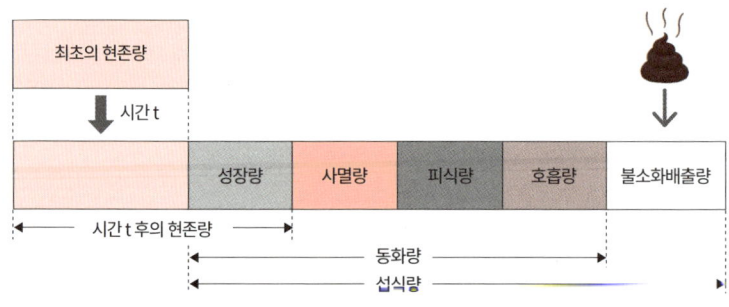

소비자의 물질수지

생산자의 물질수지, 소비자의 물질수지 모두 완벽하죠.

그림으로 보니까 이해하기 쉽네요!

이번에는 생산자, 소비자, 분해자까지 포함해서 모두 합친 물질수지를 알아볼 거예요!

어려울 것 같은데…… 열심히 해볼게요!

    생산자와 소비자의 계산공식을 겹친 그림이 오른쪽 페이지 그림입니다. 얼핏 보면 복잡해 보이지만……

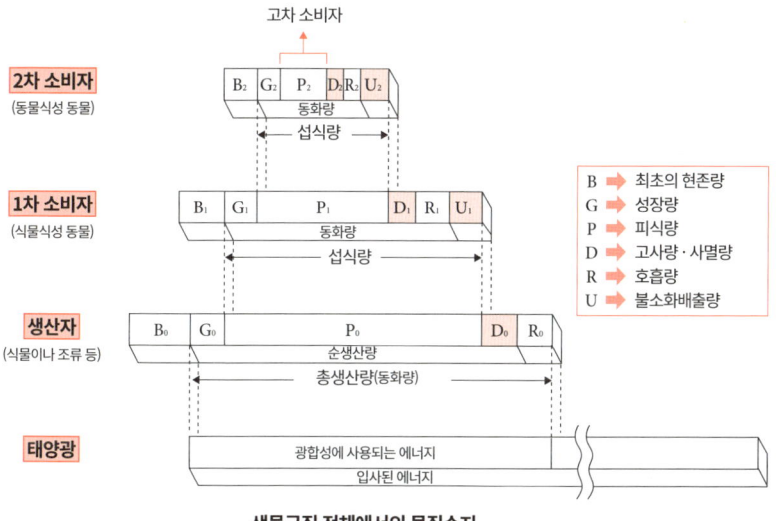

생물군집 전체에서의 물질수지

'이전 영양단계의 피식량 = 다음 영양단계의 섭식량'이라는 관계가 핵심입니다.

'생산자가 20kg 먹혔다'라는 말은 '1차 소비자가 20kg 먹었다'라는 뜻이 되겠죠. 또한 각 영양단계의 고사량, 사멸량, 불소화배출량은 분해자의 호흡에 이용됩니다. 물질은 생태계 내부를 순환하고 있으므로, 시체나 배출물이 계속 이용되는 식으로 이어집니다.

❸ 삼림의 물질수지의 변화

287페이지에서 배운 삼림의 천이에 대해 당연히 기억하고 계시겠죠? 천이가 진행됨에 따른 삼림의 물질수지를 알아봅시다.

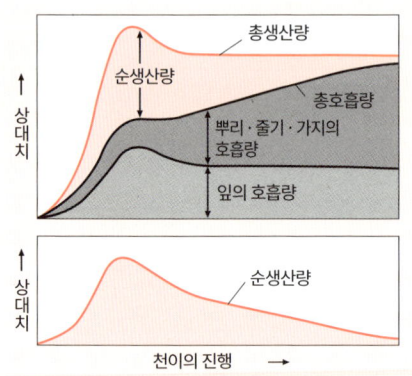

위 그래프는 총생산량, 호흡량, 순생산량의 변화를 나타내고 있습니다. 순생산량의 변화만을 알아보기 쉽게 나타낸 것이죠.

양수림이 되기까지의 천이 전반부에서는 총생산량이 쑥쑥 높아지므로 순생산량도 높아집니다.

하지만 천이 후반부로 접어들면 잎의 양이 일정해지기 때문에 총생산량은 증가하지 않게 됩니다. 한편 뿌리나 가지는 증가하고, 극상이 되면 순생산량이 매우 줄어들게 되죠.

결국 극상림은 이산화탄소를 그다지 흡수하지 않게 되겠군요!

맞아요! 성장하는 중인 삼림은 이산화탄소를 계속 흡수하고 고정해나가지만 성장을 마친 극상림은 이산화탄소를 그다지 흡수하지 않습니다!

❹ 다양한 생태계의 물질 생산

다양한 생태계의 물질 생산을 오른쪽 표로 정리했습니다. 표에 나타난 수치의 단위는 $KgC/(m^2 \cdot 년)$으로, $1m^2$당 1년에 몇 kg의 탄소에 상당하는 순생산량이 있는지를 나타낸 것입니다.

열대다우림	0.8
사바나	0.45
습지	1.3
외해	0.13

습지는 굉장히 많네요.

 습지의 생산자는 기본적으로 초본식물로, 줄기나 뿌리의 호흡량이 적기 때문에 순생산량은 높아집니다. 또한 물 부족을 겪을 일도 없다 보니 건조한 기후에 의해 기공이 닫히는 일도 거의 일어나지 않으므로 물 부족에 따른 광합성 속도 저하가 잘 일어나지 않는 등의 다양한 요인으로 습지의 순생산량은 높아지게 된답니다.

06 환경문제에 대해 생각해보자

 균형♪ 균형♪ 균형이 중요하죠♪

선생님, 기분이 좋아 보이시네요! 불가사리라 하면 귀엽다고만 생각했는데, 아래의 그림을 보니 고차소비자였군요! 놀랐어요!

❶ 생태계의 균형과 변동

불가사리는 별 모양이라 귀엽죠. 역시나 고차소비자라면 사자나 상어 같은 무서운 동물을 떠올리는 사람이 많지 않을까요.

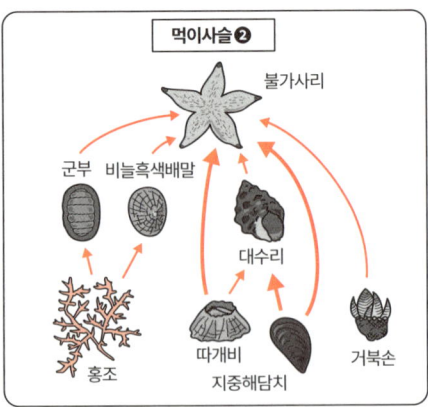

생태계를 구성하는 생물을 줄이는 현상(태풍, 홍수, 산불 등)을 **교란**이라고 합니다. 생태계는 교란을 받더라도 어느 정도의 범위 안이라면 본래대로 돌아갑

니다. 생태계를 되돌리는 이 힘을 **복원력**이라고 합니다.

'교란'은 일어나지 않는 편이 좋겠네요?

복원력을 넘어서는 대규모 교란이 일어나면 다른 생태계로 옮겨 가버리겠지만…… 사실은 <u>약간이라면 교란이 일어나는 편이 좋은 생태계도 있답니다</u> (⇒p.313).

이제 왼쪽 페이지의 먹이사슬 ❶을 봐주세요.
이 먹이사슬이 성립된 생태계에 범고래가 나타나는 바람에
해달의 개체수가 격감했습니다. 자, 이 생태계는 어떻게 될까요?

안녕하세요, 범고래입니다!
해달을 잡아먹었어요♥

성게가 늘어나겠죠! 그리고 늘어난 성게에게 먹혀서
다시마가 줄어들 것 같아요.

훌륭해요! 이처럼 생태계는 상황을 직접 상상해보는 것이 중요합니다. 실은 다시마는 숲처럼 바다 밑바닥에 잔뜩 돋아나 있기 때문에 작은 물고기나 갑각류(←새우 등)의 생활공간이 되어주기도 합니다. 따라서 다시마가 줄어들면 이러한 동물들도 줄어들고 맙니다.

이 생태계는 해달이 사라지면서 균형이 크게 무너지고 말았습니다. 해달처럼 <u>생태계의 균형을 유지하는 데 중요한 생물종을 가리켜 **핵심종**</u>(⇒p.281)이라고 했었죠.

 다음으로 먹이사슬 ❷의 생태계를 알아봅시다.

먹이사슬 ❷에 등장하는 생물은 하나같이 바위 밭에서 서식하고 있습니다. 서로 '먹고 먹히는' 관계이거나 생활공간을 두고 경쟁하는 경쟁관계죠. 이 생태계에서 불가사리를 제거하면······.

 그리고!?

네? 그리고······ 또 있나요······??

늘어난 생물(지중해담치, 따개비 등)의 생활공간이 부족해지기 시작합니다. 그 결과, 생활공간을 두고 다툼이 심해지죠. 실은 이 경쟁에서는 지중해담치가 무척 강하답니다! 따라서 얼마 후 이 바위 밭은 지중해담치에게 독점당해 다른 종은 거의 남지 않게 됩니다.

불가사리가 핵심종이었군요.

맞아요. 불가사리가 다양한 생물을 포식하면서 바위 밭의 종 다양성이 지켜지고 있었던 셈이죠. 이처럼 <u>교란에 의해 다양성이 크게 변하는 경우가 있습니다</u>. 태풍이 발생해 임관에서 갭(⇒p.289)이 생겨나면서 극상림에 양수가 자라나는 현상 역시 교란에 의해 다양성이 커지는 예시랍니다.

❷ 자연정화

강이나 바다 등에 떠내려 온 물질도 생태계에 영향을 끼치는 경우가 있습니다.

강이나 바다로 유입된 유기물 등의 오염물질은 소량이라면 분해자의 작용에 의해 감소합니다. 이 작용을 **자연정화**라고 하는데, 복원력의 일례로 생각됩니다.

애당초 유기물이 유입된다는 건 안 좋은 일인가요?

유기물이 유입되면 분해자인 세균이 증식합니다. 그러면 물속의 산소(O_2)가 부족해지고, 유기물을 분해하면서 생겨난 암모늄 이온(NH_4^+)의 농도가 높아져서 물고기 따위가 살아갈 수 없게 되고 맙니다.

늪과 호수, 내해에 **영양염류**가 유입되면 더욱 상태가 심각해지는 경우가 있습니다. 영양염류란 질소(N)나 인(P)을 포함한 염류(이온)을 말합니다. 늪과 호수, 내해에서 영양염류의 농도가 높아지는 현상을 **부영양화**라고 합니다. 인간의 활동에 의해 대규모 부영양화가 일어나면 이를 이용하는 식물성 플랑크톤이 비정상적으로 증식합니다. 이 현상이 늪과 호수에서 일어난 결과가 수면이 청록색으로 변하는 **녹조**, 내해에서 일어난 결과가 적갈색으로 변하는 **적조**입니다!

비정상적으로 증식한 플랑크톤의 시체를 세균이 분해하기 때문에 대량의 산소(O_2)가 소비됩니다. 녹조나 적조가 발생한 장소에서는 물속의 산소가 부족해져서 물고기가 대량으로 폐사하는 현상이 벌어지기도 합니다.

생태계의 균형이 크게 무너지고 말겠네요.

❸ 지구온난화

온실가스란 어떤 기체인가요?

이산화탄소 말이죠?

확실히 이산화탄소는 **온실가스**의 대표적인 사례입니다. 그 외에도 **메테인**이나 플론 등도 온실가스랍니다. 아래의 그림처럼 <u>지표에서 방출된 온실가스는 본래대로라면 우주공간으로 빠져나가야 할 열에너지를 흡수해서 다시 지표를 향해 방출해버리죠.</u>

- 대기 중에 온실가스가 없을 경우
- 대기 중에 온실가스가 있을 경우

CO_2 농도는 1990년의 경우 약 350ppm(=0.035%)이었으나 화석연료를 대량으로 소비하면서 현재는 약 390ppm(=0.039%)까지 상승한 상태입니다. 그 결과, <u>21세기까지 지구의 온도가 1.0~3.7℃나 상승할 것이라고 하죠.</u>

❹ 생물농축

> 미나마타병에 대해서는 사회 시간에 배웠을지도 모르겠네요.

생물이 섭취한 물질이 체내에서 농축되는 현상을 <u>생물농축</u>이라고 합니다. 생물농축은 잘 분해되지 않는 물질이나 체외로 잘 배출되지 않는 물질에 의해 일어나는 경우가 많은데, <u>먹이사슬을 통해 고차소비자의 체내에 더욱 고농도로 축적되고 맙니다.</u>

미국에서 DDT라는 농약이 생물농축을 일으킨 결과 갈매기나 펠리컨 등 고차소비자의 개체수가 급감하면서 이 현상이 인식되기 시작했습니다.

과거 <u>일본의 화학공장에서 유입된 유기수은</u>이 구마모토현 미나마타만에 생물농축을 일으키면서 1만 명이 넘는 사람들이 신경장애 등의 피해(<u>미나마타병</u>)를 입는 사건이 일어났습니다. 그 후, 약 500억 엔을 들여서 수은을 가두기 위한 매립 공사를 실시한 덕분에 지금은 미나마타만의 어패류에서 환경 기준을 웃도는 수은이 검출되고 있지는 않습니다.

❺ 외래종

> 초등학교에 다니는 딸이 '외래종' 도감을 무척 좋아한답니다. '큰입배스, 큰입배스!' 하면서요.

> 영재교육(?)이네요.

다음 페이지 사진이 큰입배스(블랙배스)입니다. <u>외래종</u>이란 본래 그 지역에 서식하지 않았으나 인간의 활동에 의해 들어와서 정착한 생물을 말합니다. 그중에서도 이주한 지역의 생태계의 균형을 망가뜨리거나 인간의 삶에 영향을 끼치는

생물을 **침략적 외래종**이라고 합니다. 일본의 환경성이 **특정 외래종**으로 지정한 생물은 사육이나 수입 등이 금지되어 있죠. 큰입배스 외에…… **작은인도몽구스**, 미국가재, 늑대거북, 황소개구리……. 무척이나 많은 종류의 생물이 특정외래종으로 지정되어 있습니다.

일본의 오키나와 본섬과 아마미오섬에서는 반시뱀을 없애기 위해 작은인도몽구스를 들여왔습니다. 하지만 반시뱀은 야행성이기 때문에 주행성인 작은인도몽구스는 반시뱀을 잘 잡아먹지 않았고, 오히려 희소종인 아마미검은멧토끼 등을 잡아먹어버렸습니다. 환경성은 2005년에 '작은인도몽구스를 전부 포획하겠다!'라는 결정을 내렸죠.

 아마미검은멧토끼는 다리가 짧아서 잘 도망치지 못한답니다……. 설마 자기가 사는 섬에 몽구스가 있을 줄은 생각지도 못했겠죠.

또한 비와 호수에서는 잡식성이며 번식력이 강한 큰입배스가 재래종인 비와호줄몰개, 붕어 등을 잡아먹어버렸습니다.

 비와호줄몰개는 지금은 고급 식재료가 되고 말았답니다!

세계자연유산으로 지정된 오가사와라 제도에는 인간이 들여온 고양이나 외래종 도마뱀(그린 에놀) 등이 증식해서 문제가 되고 있습니다.

 외래종 문제는 정말로 해결하기 어려워요!!

외래종의 영향뿐 아니라 인간의 개발 등 다양한 원인으로 멸종 위기에 처한 생물을 <u>멸종위기종</u>이라고 합니다. 멸종의 우려가 있는 생물을 위험성별로 분류한 것을 <u>레드리스트</u>라고 하며, 이것을 기재한 것을 <u>레드데이터북</u>이라고 합니다.

한국의 멸종위기종으로는…… 어름치, 토끼박쥐, 왕은점표범나비, 창언조롱박딱정벌레 등 282종이 지정되어 있습니다. 자세한 내용은 국립생물지원관 한반도의 생물다양성 홈페이지(https://species.nibr.go.kr)에서 확인할 수 있습니다.

⑥ 마을 산의 보전

여기까지 읽어보고 '인간은 절대 자연에 손을 되면 안 돼!'라고 생각하지 않으셨나요?

사실 인간의 손에 지켜지는 생태계도 있답니다.

그 대표가 바로 <u>마을 산</u>! 마을 산이란 오래된 농촌 마을과 그 주변의 산을 말합니다. 논이나 밭이 있고, 물길이 있고, 연못이 있고, <u>잡목림</u>이 있죠. 마을 산에는 이처럼 다양한 환경이 있기 때문에 다양한 생물이 서식할 수 있습니다.

잡목림이란 어떤 숲인가요?

마을 주민이 장작을 구하러 숲으로 들어가 적당히 나무를 벌채하기 때문에 임관에 식물이 밀집하지 않아 임상이 비교적 밝은 형태로 유지되고 있는 삼림을 말합니다. 따라서 잡목림에서는 <u>상수리나무</u>나 <u>졸참나무</u> 등의 양수가 많이 자라나 있죠. 상수리나무나 졸참나무는 낙엽수지만 조엽수림이 자라는 지역이라 하더라도 이것들이 우세를 점하는 경우가 많습니다. 잡목림에 사람의 손이 닿지 않으면 천이가 진행되어 음수가 우세를 점해 극상림이 되고 맙니다.

잡목림에는 다양한 생물이 있는데, 멸종위기종이나 귀중한 고유종이 서식하고 있는 경우도 있습니다. 그대로 방치해서 잡목림이 변해버렸다간 이처럼 <u>귀중한 생물이 사라져버릴 우려가 있답니다</u>.

❼ 생물 다양성

자, 마지막도 생물 다양성으로 마무리해봅시다!

시작도 생물 다양성이었죠. 중요하니까요!

왜 중요한지, 알고 있나요?

대충은요……! 대충 알면 안 되겠죠? 열심히 배워볼게요.

지구상에 존재하는 생물은 다양합니다. 이 생물 다양성은 '<u>유전적 다양성</u>', '<u>종 다양성</u>', '<u>생태계 다양성</u>'이라는 세 가지 계층으로 생각해볼 수 있습니다. 구체적으로 살펴봅시다.

같은 종의 같은 형질에 관여하는 유전자라 하더라도 다양한 대립유전자가 있으며, 각 개체가 지닌 유전자의 조합은 무척이나 다양합니다. 이처럼 유전적 다양성이 큰 집단에는 추위에 강한 유전자를 가진 개체나, 굶주림에 강한 유전자를 가진 개체 등, 다양한 개체가 포함될 가능성이 높은데, 이러한 개체들은 환경의 변화 등에 의해 잘 멸종하지 않습니다.

개체군의 분단 등으로 유전적 다양성이 작은 집단이 형성되면 **멸종의 소용돌이**에 휘말리는 경우도 있답니다.

생태계에는 다양한 종의 개체군이 포함되어 있죠. 생태계에서 종의 숫자가 다양한 정도를 종 다양성이라고 합니다. 일반적으로 종 다양성이 큰 생태계가 교란 등에 대한 복원력(⇒p.311)이 커집니다. 또한, 많은 종이 균등하게 존재할수록 종 다양성이 큰 생태계라고 볼 수 있습니다.

현재, 인류가 기록한 생물종은 약 190만 종으로, 알려지지 않은 종은 아직 많을 것으로 생각됩니다. 하지만 인간의 활동에 의해 많은 종이 멸종의 위기에 빠지면서 최근 종 다양성은 크게 감소하고 말았습니다.

그리고 지구상에는 다양한 생태계가 있습니다. 황원, 초원, 삼림, 호수, 늪지, 바다, 개펄…… 다양한 생태계가 존재하기 때문에 많은 종이 존재하는 것입니다. 하지만 개펄을 매립하면서 그곳에 서식하던 생물이 멸종하는 등, 인간의 활동이 생태계의 다양성에 영향을 끼치고 있답니다.

생물 다양성을 저하시키는 요인에 대해 생각해봅시다.

우선 대규모 교란(⇒p.281)입니다. 화산 분화나 대규모 산불 등에 의해 이전의 생물 다양성을 잃어버리면서 회복에 막대한 시간이 필요해지거나, 회복이 불가능해져버리기도 합니다.

> 중규모 교란으로 다양성이 유지되는 경우가 있었는데, 역시 대규모 교란은 문제가 크네요.

 개발 등에 의해 서식지가 분단되면서 생물종이 멸종하고 마는 경우도 있습니다. 개체군이 분단되면 작은 개체군(국소개체군)으로 나뉘고, 각각의 국소개체군에서는 유전적 다양성이 줄어드는 경향이 생겨납니다. 그 결과, 성비의 편중이나 근친교배 등에 따라 출생률이 저하되거나 환경 변화나 감염증 등에 대처할 수 없어질 가능성이 높아지고 말죠.

> 근친 교배는 뭐가 문제인 건가요?

 근친 교배란 혈연관계인 개체들이 짝짓기를 하는 것을 말합니다. '혈연관계인 개체'란 공통된 조상을 둔 개체들이라는 뜻입니다.
 근친 교배의 경우, 동형 접합체가 생겨날 가능성이 높아집니다. 따라서 유해한 잠성(열성) 유전자의 동형 접합체가 생겨날 가능성이 높아진답니다. 그 결과, 집단 안에 적응도가 낮은 개체가 늘어나버리고 맙니다. 이러한 현상을 근교약세라고 합니다.

생태계로부터 받은 은혜(생태계 서비스)를 앞으로도 지속적으로 누리기 위해서는 생물 다양성을 보전해나갈 필요가 있답니다.

마침내 마지막 페이지까지 왔네요!

즐거웠어요. 재미있었던 부분부터 다시 읽어볼까.

 저도 즐거웠어요. 정말로 수고 많으셨습니다.

마치며

선생님은 언제 '생물학을 배우기를 잘했다'라고 느끼시나요?

 별 것 아니지만, 딸과 산책을 하다가 "아빠, 저 꽃은 뭐야?"라고 물었을 때, "이건 씀바귀, 저건 질경이야!"라고 가르쳐줄 수 있을 때라든지……

……! 무척이나 기분 좋은 순간이네요!

 물론, 최신 연구 내용을 이해할 수 있을 때나 새로운 발견과 마주했을 때도 기분이 좋습니다. 하지만 교양이란 '도움이 되느냐 되지 않느냐'가 중요한 게 아니니까요. 문득 "아, 알아두길 잘 했다!"라는 생각이 들지도 모르는 일이고요. 무엇보다 배움이 즐겁고, 재미있다는 마음이 중요하다고 생각한답니다. 생물학에 대해 앞으로도 관심을 가져주세요.

선생님, 정말로 감사했습니다!